世界一のバリスタが書いた
コーヒー1年生の本

咖啡入门

冠军咖啡师的咖啡课

[日]井崎英典 著　陆贝旎 译

机械工业出版社
CHINA MACHINE PRESS

图书在版编目（CIP）数据

咖啡入门：冠军咖啡师的咖啡课 /（日）井崎英典著；陆贝旎译. —北京：机械工业出版社，2023.6
ISBN 978-7-111-73236-5

Ⅰ. ①咖…　Ⅱ. ①井… ②陆…　Ⅲ. ①咖啡－基本知识　Ⅳ. ①TS273

中国国家版本馆CIP数据核字（2023）第098149号

机械工业出版社（北京市百万庄大街22号　邮政编码100037）
策划编辑：仇俊霞　　　　责任编辑：仇俊霞
责任校对：王荣庆　陈　越　　　　责任印制：单爱军
北京联兴盛业印刷股份有限公司印刷
2023年7月第1版第1次印刷
145mm×210mm · 5印张 · 2插页 · 112千字
标准书号：ISBN 978-7-111-73236-5
定价：59.80元

电话服务
客服电话：010－88361066
010－88379833
010－68326294

网络服务
机　工　官　网：www.cmpbook.com
机　工　官　博：weibo.com/cmp1952
金　　书　　网：www.golden-book.com
机工教育服务网：www.cmpedu.com

前言

各位读者，初次见面。

我是第 15 届世界咖啡师大赛（World Barista Championship）冠军井崎英典。

世界咖啡师大赛是目前最高级别的国际咖啡师赛事，2014 年我成为首位夺得该比赛冠军的亚洲人。

自那之后，我每年有两百多天都在海外度过，活跃于咖啡相关的咨询和创意等活动。

由于新冠疫情，许多人被迫待在家里，人们对咖啡的关注度也越来越高。

日本全国咖啡协会《关于咖啡需求趋势的基本调查》结果显示，自新冠疫情以来，普通咖啡的消费量明显增加。此外，受远程办公的影响，目前咖啡消费的主要场所是在人们的家里。

咖啡的芳香和丰富的味道自不必说，“冲泡”咖啡本身就是一种“正念”，对于放松身心大有裨益，我想，这也是人们越来越需要咖啡的原因。

但是，也有人对冲泡咖啡抱持着一种“有点难”的印象。

“冲泡方法好像很难”“应该买哪种设备”“不知道如何选择咖啡豆”……许多人都有诸如此类的烦恼吧。

因此，这本书的宗旨“不仅是降低，更是填平冲泡咖啡的门槛”，向渴望“丰富而轻松的咖啡生活”却不知从何学起的朋友们，尽可能简单地解说咖啡的基本知识。

希望您喝杯咖啡，休息休息，从心底里感到放松。

这是写作本书的初衷。

无论是为自己还是所爱之人冲泡咖啡，都可以享受到安逸的体验。

目 录

晨会　通过卡通角色认识咖啡：咖啡豆图鉴

第一课 从零开始了解咖啡

第二课 在家享受！冲泡方法的基础和种类

第三课 好工具配好方法！了解咖啡工具

邂逅命中注定的味道：挑选咖啡豆的方法

CONTENTS

第五课 享受丰富多彩的特调咖啡

卷末特辑

结　语

阅读方法

本书的内容适合没有咖啡知识的读者从零开始学习。您可以从自己感兴趣的话题开始，也可以从头开始按照顺序阅读。首先，请从自己喜欢的页面开始自由地翻阅吧。

基本的页面

这是有关咖啡的冲泡方法和知识的解说页面。

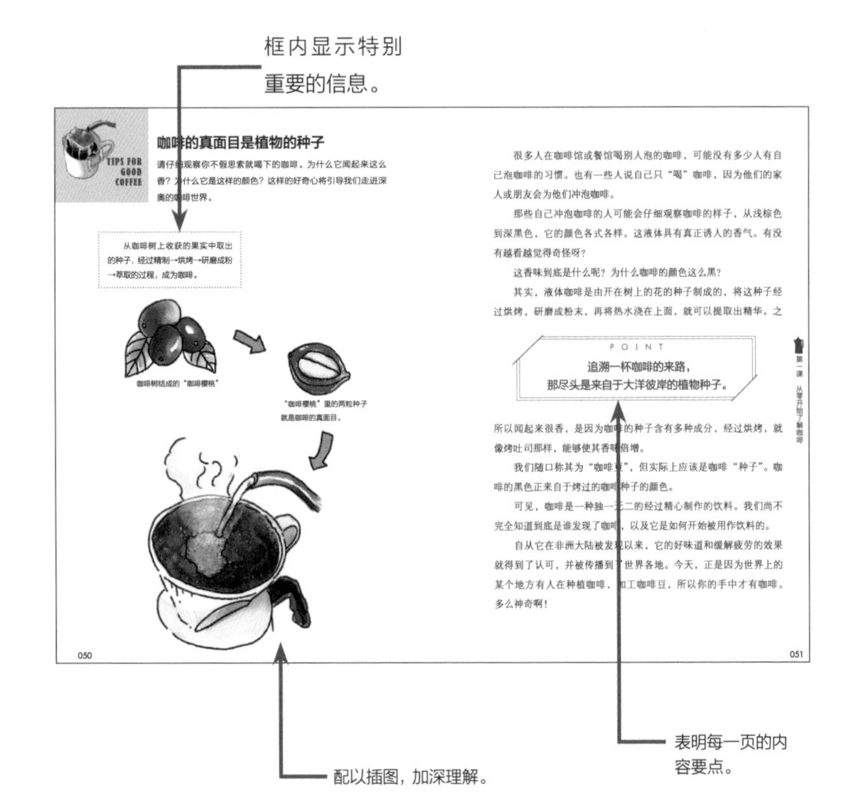

TIPS FOR GOOD COFFEE

咖啡的真面目是植物的种子

请仔细观察你不假思索就喝下的咖啡。为什么它闻起来这么香？为什么它是这样的颜色？这样的好奇心将引导我们走进深奥的咖啡世界。

从咖啡树上收获的果实中取出的种子，经过精制→烘烤→研磨成粉→萃取的过程，成为咖啡。

咖啡树结成的“咖啡樱桃”

“咖啡樱桃”里的两粒种子就是咖啡的真面目。

很多人在咖啡馆或餐馆喝别人泡的咖啡，可能没有多少人有自己泡咖啡的习惯。也有一些人说自己只“喝”咖啡，因为他们的家人或朋友会为他们冲泡咖啡。

那些自己冲泡咖啡的人可能会仔细观察咖啡的样子，从浅棕色到深黑色，它的颜色各式各样。这液体具有真正诱人的香气。有没有越看越觉得奇怪呀？

这香味到底是什么呢？为什么咖啡的颜色这么黑？

其实，液体咖啡是由开在树上的花的种子制成的，将这种子经过烘烤，研磨成粉末，再将热水浇在上面，就可以提取出精华。之所以闻起来很香，是因为咖啡的种子含有多种成分，经过烘烤，就像烤吐司那样，能够使其香味倍增。

POINT

追溯一杯咖啡的来路，
那尽头是来自于大洋彼岸的植物种子。

我们随口称其为“咖啡豆”，但实际上应该是咖啡“种子”。咖啡的黑色正来自于烤过的咖啡种子的颜色。

可见，咖啡是一种独一无二的经过精心制作的饮料。我们尚不完全知道到底是谁发现了咖啡，以及它是如何开始被用作饮料的。

自从它在非洲大陆被发现以来，它的好味道和缓解疲劳的效果就得到了认可，并被传播到了世界各地。今天，正是因为世界上的某个地方有人在种植咖啡，加工咖啡豆，所以你的手中才有咖啡。多么神奇啊！

第一课 从零开始了解咖啡

050

051

咖啡豆图鉴

精选作者关注的十大咖啡生产国。可爱的卡通角色为你介绍不同咖啡的味道特点！

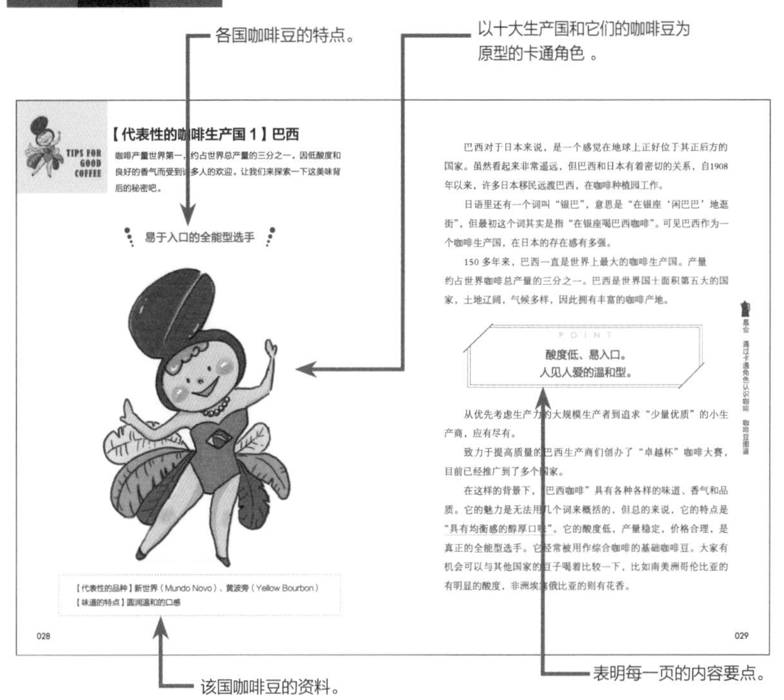

TIPS FOR GOOD COFFEE

【代表性的咖啡生产国 1】巴西

咖啡产量世界第一，约占世界总产量的三分之一。因低酸度和良好的香气而受到许多人的欢迎。让我们来探索一下这美味背后的秘密吧。

易于入口的全能型选手

【代表性的品种】新世界（Mundo Novo）、黄波旁（Yellow Bourbon）
【味道的特点】圆润温和的口感

028

巴西对于日本来说，是一个感觉在地球上正好位于其正后方的国家。虽然看起来非常遥远，但巴西和日本有着密切的关系，自1908年以来，许多日本移民远渡巴西，在咖啡种植园工作。

日语里还有一个词叫“银巴”，意思是“在银座‘闲巴巴’地逛街”，但最初这个词其实是指“在银座喝巴西咖啡”。可见巴西作为一个咖啡生产国，在日本的存在感有多强。

150多年来，巴西一直是世界上最大的咖啡生产国。产量约占世界咖啡总产量的三分之一。巴西是世界国土面积第五大的国家，土地辽阔，气候多样，因此拥有丰富的咖啡产地。

POINT
酸度低、易入口。
人见人爱的温和型。

从优先考虑生产力的大规模生产者到追求“少量优质”的小生产商，应有尽有。

致力于提高质量的巴西生产商们创办了“卓越杯”咖啡大赛，目前已经推广到了多个国家。

在这样的背景下，“巴西咖啡”具有各种各样的味道、香气和品质。它的魅力是无法用几个词来概括的，但总的来说，它的特点是“具有均衡感的醇厚口感”。它的酸度低，产量稳定，价格合理，是真正的全能型选手。它经常被用作综合咖啡的基础咖啡豆。大家有机会可以与其他国家的豆子喝着比较一下，比如南美洲哥伦比亚的有明显的酸度，非洲埃塞俄比亚的则有花香。

通过卡通角色认识咖啡 咖啡豆图鉴

029

专栏

收录让咖啡生活更加快乐的话题。比如咖啡因和便利店咖啡，从咖啡的基础知识到咖啡业界的最新流行，包您知晓！

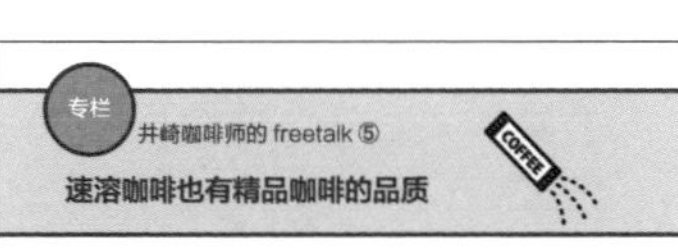

受新冠疫情的影响，速溶咖啡变得非常畅销。虽然也有越来越多的人追求做更加地道的手冲咖啡，他们会买咖啡豆亲自在家里研磨，精心冲泡，但速溶咖啡已经成为家庭咖啡中的主流。对于那些喜欢喝咖啡但不想太麻烦的人来说，速溶咖啡是很好的伙伴。

这并不意味着这些人很懒。就像泡茶一样，有些人把茶叶放进茶壶来泡，也有很多人用茶包来泡。速溶咖啡和用茶包泡茶没有太大区别。

要是不管谁来泡都能泡出好咖啡，那就太好了。其实只要遵循包装上的说明内容，也不是很难。最关键的是要使用规定的热水量。

大家经常会听到一些所谓的“隐藏配方”吧，比如“在咖啡中加入一点什么”或“在大麦茶中加入少量什么”，会变得更美味。我就经常在制作甜点的时候加入速溶咖啡。

比如，经典的意大利甜点阿芙佳朵（Affogato）。首先，将一杯量的速溶咖啡溶于30毫升热水中，使其达到浓缩咖啡的浓度，然后倒在冰淇淋上就完成了。

我还经常做香蕉奶昔。我不太喜欢牛奶，所以会用燕麦奶或杏仁奶。将这些植物奶、冷冻香蕉和酸奶放入搅拌机，搅拌至光滑。接下来，我一般会加入普通的意式浓缩咖啡，但如果想在短时间内做好这道甜品，我就会加速溶咖啡。

再说，速溶咖啡现在也进步了，味道有了惊人的改善。速溶精品咖啡的诞生是咖啡界一件了不起的大事。只需将其溶解在热水中，你就能喝到具有精品咖啡品质的速溶咖啡。

速溶精品咖啡首先在美国火了起来，最近热度蔓延到了日本。名古屋的TRUNK COFFEE和INIC coffee非常出名。这些速溶产品是粉末状的，但在热水中溶解后，具有新鲜滴滤咖啡的香气和风味。在东京清澄白河地区掀起第三波咖啡浪潮的BlueBottle咖啡，也推出了具备精品咖啡品质的速溶咖啡。

128

登场角色介绍

【老师】
井崎英典
（IZAKI HIDENORI）

第15届世界咖啡师大赛冠军。从事企业的产品研发及咖啡相关咨询和顾问的工作。精通世界咖啡知识。不管是苦涩的意式浓缩，还是偏甜的咖啡，或者是甜品也好，全都喜欢。

【学生】
宝田岛美
（TAKARADA SHIMAMI）

东京某企业的职员。新冠疫情暴发前的兴趣是去咖啡馆看书，最近开始考虑学习自己冲泡咖啡。向往精致的生活，不过性格有些大大咧咧。

- 本书中列出的分量（咖啡粉和热水）只是一个大概的数字。请根据自己的口味调整。
- 萃取的情况和口感可能因咖啡的品种、储存条件和设备的不同而不同。请注意观察和调整，冲泡出您喜欢的味道。
- 本书提供的制作配方力求还原当地的口味。
- 本书所载信息截至2021年10月。

漫画　新冠疫情下咖啡的人气急剧上升

路边卖的咖啡也很好喝。
别人专门为我做的手冲咖啡，喝起来感觉心里暖暖的。
HOTDOG
COFFEE
MENU
要是自己会泡咖啡，是不是更好喝呢?
自己学着泡咖啡吧!
决定了!买本书来学习!
Book Store
好像需要各种各样的工具啊，感觉很难。
别担心!
哇！有那么多咖啡书呀!

不要觉得难，其实不需要专用工具哦！
不是，你谁啊！
我会帮你降低进入咖啡世界的门槛……
不，我要填平它！
WORLD BARISTA
我是第15届世界咖啡师大赛冠军！
什么世界第一的咖啡师……
有点吓人！
咖啡比你想象的要简单哦！
先试着泡一点来喝吧？
谁都学得会
简单咖啡入门

不，咖啡豆
还是要的！
什么都不
需要！
咔嗒
咔嗒
咚~~
难度一
下子降
低了！
不需要任
何专业工
具……
泡咖啡需
要的东西
咔哒
咔哒
豆
从记事起，我
就喝着美味的
咖啡长大。
父亲开了一
家卖咖啡豆
的店。
哇！
买咖啡粉就
不需要用专
门工具泡咖
啡啦！
咔哒
为更自由更
快乐地享受
咖啡，从事
着现在的工
作。
我可是咖啡
界的“纯血
王子”。
王子？

在新冠疫情中急速扩大的家庭咖啡市场

让咖啡给你的宅家时光带来更多快乐

人们对“家庭咖啡”的关注度急剧上升

由于长期的新冠疫情，人们外出就餐的机会剧减，在家中度过的时间增加。大家的生活完全不同以往，咖啡业界也产生了激烈的变化。

放眼世界市场，2019—2020年度的咖啡消费量增长，而咖啡的产量却较上年度有所下降。其中有一种咖啡的出口量大增，那就是**“罗布斯塔种”**咖啡，这种咖啡经常被用于制作**速溶咖啡**，它有抗病虫害能力强、产量稳定的优点。可以说正是因为人们在家中度过的时间增加而造成的咖啡消费量增长。

在日本，受“外出自肃（注：自我管控非必要外出）”政策的影响，**家庭咖啡市场正不断扩大**。有很多人可能并不讲究喝什么咖啡，但是有去咖啡馆的习惯。这类人在自己家里喝咖啡的次数恐怕也增加了吧。

罗布斯塔种咖啡

抗病虫害能力强、产量高的咖啡品种，是三大原生咖啡豆种之一。属于刚果种的一类突变品种，但有时也被直接视为刚果种。

速溶咖啡

将咖啡萃取液进行脱水、粉末化后的产物。只需加入开水或凉水就能溶解，简单方便。

一杯咖啡治愈心灵的体验

那是日本政府为防止新冠疫情蔓延而发布紧急事态宣言的几天后，2020 年 4 月 10 日，我们启动了“大咖啡馆 #BrewHome”企划。

“BrewHome”中“Brew”这个词的意思是“沏、冲泡（咖啡等）”。这个活动持续了大约 2 个月的时间，参与者每天都在自己家里根据自己的喜好冲泡咖啡，并进行线上聚会，就像在咖啡店里一样，围着桌子一起喝咖啡。

疫情中因为不确定的未来而感到不安和孤独的人们，通过这次活动真实地体会到了咖啡的治愈效果。

在这股潮流中，许多咖啡馆和连锁品牌咖啡店也开始想方设法，为希望在家中享用咖啡的普通用户，开发各种产品。比如**挂耳包**，即把一杯量的研磨好的咖啡粉装入一个过滤袋中，单独包装，只需倒入热水就可以饮用，类似产品越来越受欢迎。

此外，人们对“咖啡与食物”的关注也与日俱增。有食品制造商提出了“与咖啡搭配享用”的概念，在此基础上进行食品开发。这样的新趋势正在不断涌现。

挂耳包

指一杯量的咖啡豆磨粉后装入滤袋单独包装的产品。将挂耳包挂在杯子上，倒入热水，滴滤式咖啡就做好了。

我们正在进入家庭咖啡的新阶段，享受咖啡的方式也变得更加多样化。

现在开始，持续一生的咖啡

速溶咖啡、挂耳咖啡等方便的产品吸引着人们的目光，同时越来越多的人想要学习自己冲泡美味的咖啡。

当我听到人们说“我想用自己磨的豆子好好地泡咖啡”，或者“我想找到我喜欢的商店，买喜欢的豆子，用自己喜欢的方式泡咖啡”的时候，就会感叹：“咖啡真是精致生活的象征啊。”

接触到各种与工具和萃取方法相关的信息，你可能会认为听起来很难，但其实我们的目标是能够创造出“自己认可的美味”。

如果你是专业人士，那么你得保证从选择咖啡豆到萃取，所有操作中都不能出错。但普通人不用考虑那么多。咖啡虽然是一个深奥的世界，但说到底依然是一种嗜好品。所以不如放轻松吧，从随意地冲泡和品尝开始尝试，遵循自己的真实感觉，在这个过程中磨炼技巧。

独特而有趣的日本饮品文化

日本是亚洲最大的**咖啡消费国**之一，从全球范围来说也是如此。虽然绿茶和焙茶是传统的日本饮料，但咖啡大有取代它们的势头。

日本人碰个头要去咖啡馆点个咖啡，上个班要在茶休的时候用一用办公室里的全自动咖啡机。从浪漫的约会到复杂的商谈，有时甚至连分手都是如此，生活和生命的各种时刻都离不开咖啡馆和咖啡。

有意思的日本咖啡热

在日本，直到昭和时期，占据主流的还是略带颓废气息的“吃茶店”。单独光顾的女性客人也不多。

“吃茶店”过去是由服务员到席位上来提供服务的。而在城市中心，通过柜台点餐的自助式咖啡馆逐渐兴起，这使得咖啡馆与人们的生活越来越近。

后来，星巴克等西雅图派咖啡连锁店登陆日本。各种咖啡热便

咖啡消费国

世界各国人均每年咖啡消费量如下：

日本 3.64kg	美国 4.84kg
欧盟 4.96kg	巴西 6.25kg
瑞士 6.33kg	挪威 8.83kg

在日本兴起了，包括讲究原产地和冲泡方法的“**精品咖啡**”，以及彻底追求豆子单一品种的“**单品咖啡**”。

今天，许多人都在寻求心灵的平静。在这难以与社会产生物理联系的时代，为什么不把咖啡作为一种爱好呢？如果你愿意探索咖啡的制作方法，它会成为你一生的爱好。或者仅仅是为了找到自己喜欢的咖啡口味而学着搭配甜味剂、牛奶或其他成分，也很有意思。如何享受是由你决定的。

精品咖啡

特别讲究生产地、生产加工处理，以及萃取技术等因素的咖啡。精品咖啡的评选必须依据国际标准，通常出自单一农场或单一品牌。

单品咖啡

只使用单一产地咖啡豆的咖啡被称为单品咖啡。从更狭义的层面来说，也可以指从单一品种的树苗上收获的咖啡豆。

晨会

通过卡通角色认识咖啡：咖啡豆图鉴

可爱的卡通角色带你领略咖啡味道

了解世界咖啡产地

咖啡在世界各地都很受欢迎，但关于它的起源和诞生地有很多假说。其中最著名的是“**埃塞俄比亚**说”和“**也门**说”。

“埃塞俄比亚说”认为是一个叫卡尔迪的牧羊少年发现了咖啡。有一天，卡尔迪发现山羊（也可能是绵羊）吃了某种树木的果实后变得非常兴奋，于是就去咨询了一位修道士。他们对这种果实进行了调查，并且试着尝了尝，感到神清气爽，这才知道了这种果实的效果。

“也门说”则认为是伊斯兰教的神职人员奥马尔发现了咖啡。奥马尔因涉嫌某些丑闻而被流放，正为食物发愁时，美丽的鸟儿引导他发现了一种树木的果实。当他喝下用这种果实煮出来的汁水后，就恢复了体力和精神，变得充满活力。

大家应该都知道了吧，这两个故事中的“某种树木的果实”就是今天的咖啡。

埃塞俄比亚

位于非洲大陆东北部，是非洲最早独立的国家。首都是亚的斯亚贝巴。

也门

位于阿拉伯半岛南部，正式名称是也门共和国，首都为萨那。国民信奉的宗教为伊斯兰教。

生产国位于赤道周围的环状地带

当然这些都是传说。咖啡作为一种农作物起源于埃塞俄比亚，这一点已经是明确的了。埃塞俄比亚有悠久的咖啡历史，至今保留着许多与咖啡相关的传统仪式和独特的喝咖啡的习俗。

从埃塞俄比亚出发，咖啡已经扩散并且被栽培到世界各地。不过，种植咖啡的地方集中在一个横跨赤道南北的区域。由于呈现细长的带形，因此这个区域也被叫作“**咖啡带**”。

在“咖啡带”有许多国家，即使在同一个国家，各地区的气候、海拔、日照和降雨量也不尽相同，因此产生了多种多样的咖啡。

也正因如此，我们很难做出像“某个国家的咖啡有很强的酸度”这样的结论。但我们可以记住每个国家咖啡的口味特点，作为选择咖啡的指标。

咖啡生产地可以分为南美洲（如巴西和哥伦比亚）、中美洲（如巴拿马和哥斯达黎加）、非洲（如埃塞俄比亚）以及亚洲（如印度尼西亚）。

咖啡带

以赤道为中心、南北纬约 25° 的广阔带状地区。就气候而言，几乎与热带地区重叠，咖啡树的主要产地都在这里。

快速了解各国咖啡味道的特点

- ◆ 南美洲的咖啡有一种日本人喜欢的均衡口感。特别是甜度和酸度和谐地结合在一起，充满清爽的风味。
- ◆ 中美洲的咖啡有果味。有些咖啡具有出色的酸度和风味特征（如成熟的果汁风味）。
- ◆ 非洲的咖啡十分有个性，有的有果味，有的有花香。浓郁的香气与明显的酸度形成了鲜明的对比。肯尼亚等地生产的咖啡豆具有诱人的浆果香。
- ◆ 亚洲的咖啡通常是深度烘烤咖啡，味道强烈，印度尼西亚的咖啡就是典型。它的特点调和了触感、苦味和香味。最近，菲律宾等国家的一些生产商开始推出高质量的咖啡豆。

20 世纪 80 年代，随着人们对咖啡种植和销售的透明度越来越感兴趣，1987 年，美国的努森女士（Erna Knustsen）提出了“精品咖啡”的概念。精品咖啡是一种具有高品质、并且保证了**可追溯性**和可持续性的咖啡。为了更好地表现出其风味特点，现在有种倾向是在精品咖啡中进一步筛选出单品咖啡。

可追溯性

英语为 traceability，指追踪食品生产、加工、流通和销售的每个阶段信息的能力。这个词通常用于和精品咖啡相关的场合。

然而，这并不意味着“精品咖啡或单品咖啡才是最好的”，流通于咖啡馆和咖啡店的大部分是**综合咖啡**。从业者通过调配混合不同的咖啡豆来制作综合咖啡，以达到和谐的口感、稳定的品质和价格。

当你了解了这些咖啡知识，理解不同生产国之间的口味差异，你就能从包装上知道这是什么口味的咖啡了。

下面，本书将介绍值得各位记住的咖啡生产国。注意即将登场的卡通角色们，它们强调了各种咖啡的特点。当你在店里看到这些国家的名字时，可以试着回想这些信息。当然，“如何挑选正确的咖啡豆”这个问题没有标准答案，我们的目标是“快乐地选择咖啡豆”。

综合咖啡

由不同的咖啡豆调配混合而成的咖啡。通常的做法是确定一个基础味道，然后加入不同类型的豆子作为佐料，以创造一种新的口味。

【代表性的咖啡生产国 1】巴西

咖啡产量世界第一，约占世界总产量的三分之一。因低酸度和良好的香气而受到许多人的欢迎。让我们来探索一下这美味背后的秘密吧。

易于入口的全能型选手

【代表性的品种】新世界（Mundo Novo）、黄波旁（Yellow Bourbon）
【味道的特点】圆润温和的口感

巴西对于日本来说，是一个感觉在地球上正好位于其正后方的国家。虽然看起来非常遥远，但巴西和日本有着密切的关系，自 1908 年以来，许多日本移民远渡巴西，在咖啡种植园工作。

日语里还有一个词叫“银巴”，意思是“在银座‘闲巴巴’地逛街”，但最初这个词其实是指“在银座喝巴西咖啡”。可见巴西作为一个咖啡生产国，在日本的存在感有多强。

150 多年来，巴西一直是世界上最大的咖啡生产国。产量约占世界咖啡总产量的三分之一。巴西是世界国土面积第五大的国家，土地辽阔，气候多样，因此拥有丰富的咖啡产地。

POINT

酸度低、易入口。
人见人爱的温和型。

从优先考虑生产力的大规模生产者到追求“少量优质”的小生产商，应有尽有。

致力于提高质量的巴西生产商们创办了“卓越杯”咖啡大赛，目前已经推广到了多个国家。

在这样的背景下，“巴西咖啡”具有各种各样的味道、香气和品质。它的魅力是无法用几个词来概括的，但总的来说，它的特点是“具有均衡感的醇厚口味”。它的酸度低，产量稳定，价格合理，是真正的全能型选手。它经常被用作综合咖啡的基础咖啡豆。大家有机会可以与其他国家的豆子喝着比较一下，比如南美洲哥伦比亚的有明显的酸度，非洲埃塞俄比亚的则有花香。

【代表性的咖啡生产国 2】哥伦比亚

哥伦比亚是美味咖啡的生产者，其酸度和甜度和谐统一。这个辽阔的国家拥有各种不同的气候，生产者已经开发出他们自己独特而有吸引力的咖啡。

酸度和甜度的完美平衡

【代表性的品种】卡图拉（Caturra）、卡斯蒂略（Castillo）

【味道的特点】淡淡的酸味和甜味的均衡感

哥伦比亚是继巴西和越南之后的世界第三大咖啡生产国，也是第三大对日本的咖啡出口国。

横贯南北的安第斯山脉对哥伦比亚的咖啡种植有不可估量的影响。在这个广阔的国家，咖啡的种植是根据不同海拔的土地以及相应的气候而进行的。这成为一个主要优势，由于产地众多，哥伦比亚可以实现咖啡的全年采收和发货。

此外，哥伦比亚一年有两个咖啡的收获季节，晚收的豆子被称为“Mitaca”。

哥伦比亚大多数的咖啡生产者都是小规模的农家。这些生产者中有许多都是哥伦比亚国家咖啡生产者协会（FNC）的成员。

POINT

世界屈指可数的品牌力。
高度均衡的酸度和甜度。

FNC 创立于 1927 年，是类似于日本农协的组织，负责咖啡生产、出口和其他各种与咖啡有关的事业。

FNC 有一个名叫胡安·巴尔德斯（Juan Valdez）的品牌形象，特征是帽子和小胡子，胡安·巴尔德斯牌咖啡和咖啡豆已经销往全球，向全世界的人们传播哥伦比亚咖啡的魅力。

哥伦比亚咖啡豆的特点是“酸度和甜度高度均衡”。

这种豆子适合制作浓缩咖啡。哥伦比亚也经常被选作世界咖啡师大赛等赛事的场地。

【代表性的咖啡生产国 3】埃塞俄比亚

埃塞俄比亚被认为是咖啡的发源地，至今保留着传统的“咖啡仪式”。埃塞俄比亚产的优秀咖啡品种非常多，可能是目前世界上咖啡领域潜力最大的国家。

如花般芬芳的华丽香气

【代表性的品种】埃塞俄比亚本地品种

【味道的特点】像红茶一样的华丽香气

据说埃塞俄比亚是咖啡的发源地，最初是通过煮沸咖啡的果肉和种子来饮用，后来才转变为烘烤种子的制作方法。

在日本“吃茶店”兴起的过程中，“摩卡”作为香气迷人的高端咖啡的代表，非常受欢迎。摩卡是埃塞俄比亚邻国也门的一个港口的名字，从也门的摩卡港出口的咖啡豆就被叫作“摩卡”，所以即便是来自对岸的埃塞俄比亚咖啡，也因为从该港口转运而被叫作“摩卡”。

今天，一个叫作“瑰夏（Geisha）”的品种风靡世界。这其实是原产于埃塞俄比亚的一个品种。最初是在埃塞俄比亚的瑰夏村被发现的，因此而得名。

POINT

不似咖啡的华丽香气、
仿若红茶的美妙风味。

产自巴拿马翡翠庄园的瑰夏咖啡有着十分高级的、像果汁一样的甘甜和果味，还有香水般的华丽香气。巴拿马产的瑰夏咖啡特别受追捧，但其实在埃塞俄比亚和其他拉丁美洲生产国也有少量生产，而且香气和味道非常好。此外，产自埃塞俄比亚耶加雪菲（Yirgacheffe）地区的咖啡质量也很好，很受欢迎，并且没有瑰夏咖啡那么昂贵。它的特点是具有华丽的香气，让人联想到鲜花和红茶，并具有恰到好处的酸度。

不愧是咖啡的发源地，值得一谈的东西太多了。埃塞俄比亚还有独特的咖啡文化，包括冲泡咖啡和招待客人的传统“咖啡仪式”，是一个深受咖啡爱好者喜爱的咖啡生产国。

【代表性的咖啡生产国 4】萨尔瓦多

如果你喜欢咖啡中的酸味儿，这里就是你的理想之地。中美洲是一些世界上最知名的咖啡生产商的所在地。而清新、干净的酸度正是萨尔瓦多咖啡豆的特点。

通往酸味系咖啡的大门

【代表性的品种】波本（Bourbon）、帕卡马拉（Pacamara）

【味道的特点】清新的酸味，浓郁的果香

萨尔瓦多是一个小国，面积约为日本四国岛和淡路岛的总和。虽然是中美洲最小的国家，但它有 20 多座活火山，是世界上少有的火山大国。

2021 年，该国成为世界上第一个引入比特币这种加密资产（虚拟货币）作为法定货币的国家，一时间引爆话题。

这里的气候条件非常有利于咖啡种植，曾是 1880 年的世界第四大咖啡生产国。

1956 年，萨尔瓦多国家咖啡研究所成立，日本的“咖啡猎人”川岛彰曾在这里学习。萨尔瓦多的人工杂交品种咖啡“帕卡马拉”非常有名，豆粒极大，且具有独一无二的香气和酸度，是非常优秀的品种。

遗憾的是，由于内战和革命，萨尔瓦多的咖啡业一度衰落。不过最近，萨尔瓦多的优秀生产商也生产出了高品质的咖啡。

中美洲有许多世界知名的咖啡生产地区，其中萨尔瓦多又有“许多酸度和风味极佳的咖啡”。味道一般以清爽、干净的酸为特征。柑橘的酸味和水果的芳香是萨尔瓦多咖啡特有的魅力。

巴拿马的瑰夏举世闻名，但其实在萨尔瓦多也有一些种植优秀瑰夏的生产商，越来越引人注目。

【代表性的咖啡生产国 5】哥斯达黎加

出口到日本的哥斯达黎加咖啡豆不多，但如果在咖啡店里遇到了，那就试一试吧。保证你会被它优质的酸度和美妙的香气所吸引。

均衡感绝佳的优等生产国

【代表性的品种】卡图拉（Caturra）、卡图艾（Catuai）、薇拉莎奇（VillaSarchi）

【味道的特点】回味甘甜、口感好

哥斯达黎加是一个福利国家，已经废除了军队，致力于发展教育和医疗。哥斯达黎加有许多国家公园和自然保护区，也热衷于环境保护，兼顾环境保护和经济发展的生态旅游也很受欢迎，比如参观咖啡种植园之旅。

在咖啡种植方面，政府在 1933 年与生产商组织设立了哥斯达黎加咖啡协会（CICAFE）。1988 年，政府颁布了一项法律，禁止生产除“阿拉比卡”以外的任何咖啡，因为“阿拉比卡”被认为是高质量的豆种，具有出色的香味，这是政府为维护这一品牌所做出的努力。

POINT

恰到好处的苦味，
如水果般的酸甜。

近年来，哥斯达黎加产生了非常独特的咖啡种植方法。一个有代表性的例子就是“微型处理厂”。这是一种“小规模·高质量”的咖啡生产系统，为家庭或生产者小团体等小单位提供生产和加工设施。

在咖啡豆生产方面，他们还发明了独特的加工方法，称为“蜜处理”，彰显了哥斯达黎加特有的性格。

近年来，哥斯达黎加咖啡在国际上得到了广泛的认可，但出口到日本的数量并不多。不过，在对咖啡豆产地和质量要求很高的日本咖啡馆或咖啡店里，看到哥斯达黎加咖啡豆的机会越来越多。

哥斯达黎加有大量的小农户和小农场，这意味着有各种诱人的豆子可供选择。总的来说，哥斯达黎加的咖啡豆大多味道甜美，酸质清新，非常值得好好冲泡，充分享受那美妙的香气。

【代表性的咖啡生产国 6】巴拿马

巴拿马咖啡的特点是其清爽的酸度。其中最引人注目的是来自埃斯梅拉达庄园的“瑰夏”咖啡，曾经在参加国际比赛时一举成为当时世界上价格最高的咖啡。当然除了瑰夏，巴拿马还有许多其他美味的咖啡豆！

咖啡达人必喝瑰夏！

【代表性的品种】瑰夏

【味道的特点】香水般的芬芳和水果般的酸味

巴拿马位于连接美洲大陆北部和南部的狭长地带。这里有连接加勒比海和太平洋的巴拿马运河，是许多人和货物进出的主要交通枢纽，也是一个政治、经济和文化中心。

在环境和气候方面，该国是中美洲最南端的国家，气温变化较大。在咖啡的生长期降雨量大，在收获期则较为干燥、日照充足。这样的条件十分有利于咖啡种植。

巴拿马咖啡在 2004 年首次引起国际关注。在“Best of Panama”国际品评会中，来自埃斯梅拉达庄园的“瑰夏”以当时世界上的最高价格售出。其红茶般轻盈的口感、鲜花般的香气和柑橘般的风味是任何其他豆子所无法比拟的。

POINT

知名度迅速提高的
高质量生产国!

从那时起，巴拿马瑰夏在世界市场上就享有很高的价格和特殊的地位。也是从那时起，巴拿马国内越来越多的咖啡园开始种植瑰夏品种。

尽管如此，就生产总量而言，瑰夏仍然是少数。产量较高的品种是卡图拉和卡图艾，这些都是以大规模生产为目的的品种。在良好的气候环境中，多亏了生产商的种植意愿，巴拿马的优质咖啡被生产出来，并在全世界范围内销售。

巴拿马咖啡的味道通常是非常爽口的，具有清爽的酸度，很有吸引力。

【代表性的咖啡生产国 7】厄瓜多尔

说到厄瓜多尔，很多人的第一印象都是香蕉大国，但最近它生产的高质量咖啡也引起了人们的注意。厄瓜多尔咖啡的特点是有明显的酸味，也伴有甜味，目前已经出口到世界各地。

美妙的酸度让世界注目！

【代表性的品种】希爪（Sidra）、加强铁皮卡（Typica Mejorado）
【味道的特点】甘甜的果味

厄瓜多尔是一个赤道国家，位于南美洲的西北部，面向太平洋。虽然只是一个面积约为日本三分之二的小国，但它拥有安第斯山脉、亚马逊河上游的热带森林和沿海的红树林，自然环境丰富多样。此外，达尔文提出进化论的灵感来源——加拉帕戈斯群岛也隶属于厄瓜多尔。

受益于如此丰富的自然和生态系统，厄瓜多尔也以其农产品而出名，例如香蕉和可可，当然还有咖啡。海拔超过 6000 米的安第斯山脉贯穿南北，大部分国土都是山区。这样的地理和气候条件有利于咖啡种植，因此生产出了高质量的咖啡。

POINT

安第斯山脉的高海拔地区
孕育了味道丰富的咖啡。

到目前为止，厄瓜多尔咖啡还没有获得很高的声誉，但人们对于厄瓜多尔的咖啡产业的期望却越来越高。由于一些土地仍未开发，人们对尚未发现的咖啡品种也抱有期望。

厄瓜多尔咖啡的特点在于，它具有强烈的酸度，但也具有足够的甜度。咖啡特有的酸、甜和香都恰到好处，和谐融合，易于入口。

未来可能吸引更多关注的是“希爪”豆种。作为波本豆的变种，它有一股草莓味，还有水果糖一般的强烈甜香。在厄瓜多尔，人们还发现了其他变异的咖啡豆品种，这说明该国作为咖啡产地的潜力很大。

【代表性的咖啡生产国 8】肯尼亚

非洲主要的咖啡产地之一。一年有两个雨季，这使它具有一年能收获两次的优势。咖啡味道干净、多汁、具有新鲜的酸味。

像黑加仑之类的浆果一样清新爽口

【代表性的品种】SL28、SL34

【味道的特点】像黑加仑之类的浆果那样带点厚重感的酸味

肯尼亚是位于非洲东部的赤道国家。它被认为是咖啡发源地的埃塞俄比亚的邻国，也是非洲主要的咖啡产地之一。但肯尼亚的咖啡生产起步比其他国家晚。

然而，与只有一个雨季、一年只能收获一次的国家相比，肯尼亚的优势是一年有两个雨季，这意味着它可以一年收获两次。此外，肯尼亚一直在积极发展其咖啡产业，曾建立世界上第一个由生产者投资的咖啡研究所，目前作为高质量咖啡生产国的认可度也日益提高。

POINT

丰富的口感中
带有浆果类的酸味。

肯尼亚也是红茶的主要生产国，红茶和咖啡一样属于嗜好品。肯尼亚的红茶很有名，茶叶通常被揉成可爱的球状。比起咖啡，肯尼亚人更常喝加奶的红茶。

在咖啡豆专卖店寻找肯尼亚豆时，有时会发现豆子的标签上会有“KenyaAA”这样的英文。在肯尼亚，豆子是用筛孔尺寸（豆子的大小）分级的，英文字母代表等级。豆子越大，等级越高。筛孔尺寸为 17~18（6.8~7.2 毫米）的为 AA，这是最高等级。

肯尼亚豆的味道被描述为“有高级的果味和新鲜的酸味，让人联想到果汁”。优质的肯尼亚咖啡有一种水灵灵的酸度，感觉就像浆果或者水果干的味道。

【代表性的咖啡生产国 9】印度尼西亚

印度尼西亚咖啡的特点是强烈的触感，回味浓郁，有独特的泥土芳香。印度尼西亚有许多优秀的咖啡品种，包括产自苏门答腊岛的香气浓烈的“曼特宁（Mandheling）”。

【代表性的品种】罗布斯塔（Robusta）、帝汶杂交种（Timor Hybrid）

【味道的特点】泥土的香气和醇厚的触感

印度尼西亚位于东南亚马来群岛南部。

在亚洲，印度尼西亚是世界第四大咖啡生产国，仅次于世界第二大的越南。

在日本，“曼特宁”和“托那加（Toraja）”作为高端咖啡豆很受欢迎。顺带一提，“曼特宁”不是地名，而是苏门答腊岛上一个部落的名字。

这些品牌都很出名，但其他印尼咖啡由于产量不高，知名度也不高。随着亚洲地区的经济发展，咖啡产业也在不断进步，印度尼西亚可能成为一个更优秀的咖啡产地。

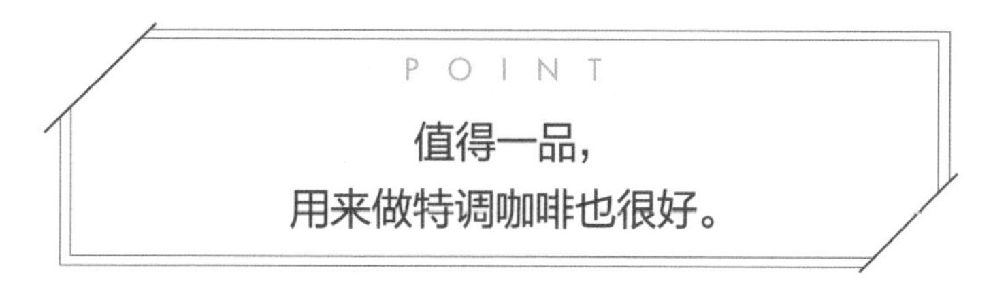

出产“曼特宁”的苏门答腊岛对收获的咖啡豆有一种独特的加工方式，被称为“苏门答腊式”。整个过程包括从咖啡果实中去除种子，并分两个阶段进行干燥。取下的果肉带着黏稠的汁液，经过第一次干燥和脱粒，然后再次干燥，这才完成了加工。这种方法适用于这个潮湿的地区，并且能够激发咖啡豆独特的味道和香气。

关于印度尼西亚咖啡的特点，可以这样总结：“曼特宁等品牌的特点是华丽、浓厚的香气和丰富的口感。其他豆子则可以概括为具有辛辣味、泥土的香气和浓醇的苦味。”

最近，印度尼西亚的咖啡生产者发生了代际转变，雄心勃勃的年轻人从世界其他产地和他们的前辈那里学到了生产优质咖啡的经验。这是一个有着美好未来的生产国。

【代表性的咖啡生产国 10】越南

亚洲第一大咖啡生产国，产量位居世界第二。越南咖啡以其触感、苦味和浓郁的口感而闻名，喝时要加很多炼乳。近年来也在大力发展种植其他具有良好风味的咖啡品种。

咖啡配奶，无敌美味

【代表性的品种】罗布斯塔（Robusta）、卡帝汶（Catimor）

【味道的特点】偏苦的厚重味道

越南位于印度支那半岛的东部。属于热带季风气候，其特点是高温多雨。

据说，越南是在1857年法国殖民者带来咖啡苗后，正式开始种植咖啡。虽然一度因为越南战争而中断，但后来Doi Moi政策（越南的改革开放政策）推动了咖啡产业的显著增长。今天，越南拥有世界第二的咖啡产量。

“罗布斯塔”是越南咖啡的主流品种，虽然在质量方面一直被认为不如阿拉比卡，但它对病虫害有抵抗力（咖啡的病虫害问题每年都变本加厉），高产量使这种咖啡豆成为稳定供应所不可或缺的豆种。已被大量出口到日本，可以说是咖啡产业的基础。

POINT

亚洲第一的产量。
做成牛奶咖啡也一样美味。

在罗布斯塔咖啡中，尤其以种植如“G1抛光”此类精制状态良好的优质品种为主。此外，近年来，越南也在努力增加具有优良香气和口感的阿拉比卡品种的生产，未来发展可期。

越南人每天都喝咖啡。越南特有的喝咖啡方式是在咖啡中加入炼乳。

越南咖啡的特点是“厚重和浓郁”。因此在加入牛奶或炼乳时，咖啡不容易走味，最近另一个流行的搭配是加入酸奶。

井崎咖啡师的 freetalk ①

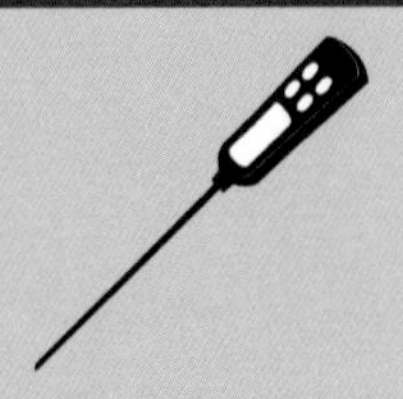

温度改变味觉

有经验的人会知道，在刚冲泡好的时候和已经冷却的时候，咖啡的味道会发生变化。

“根据温度，口感会发生变化”，这种说法其实可以和区分咖啡好坏的方法联系起来。

首先，有一种观点认为，咖啡“随着温度的下降，越接近体温，越能让人品出其准确的味道”。因此，冷的时候味道不好的咖啡，品质也不怎么样。

最近，我喝到了一些让我忍不住赞叹“好喝得不得了”的咖啡。

以往人们总认为来自拉丁美洲和非洲的咖啡豆质量好、风味佳，但最近亚洲的咖啡变得越来越优秀，例如印度尼西亚和菲律宾。

在专业咖啡领域，我们用一种被称为“杯测”（Cupping）的品鉴方式来评估咖啡的口味。如果总分达到或超过80分，那么这种咖啡就会被认定为“精品咖啡”，并能够以高价进行交易。我曾经杯测过一款来自菲律宾的咖啡，品质之高以至于得分超过85分，这在之前是不可想象的。

近年来，在亚洲的咖啡产业中，包括菲律宾和印度尼西亚，许多千禧一代或Z世代的生产者十分活跃，他们的年龄大都在30岁左右。他们之所以强大，是因为他们积极向先进生产国和海外一流的生产商学习，怀抱国际视野回到自己的国家。这些生产者将他们通过不断摸索培养出来的咖啡豆交给我，请我品鉴，并且给他们反馈。

这种趋势在全世界都可以看到。过去只关注走出国门的人，现在正以健康的爱国主义精神把注意力转向自己国家的产业，并通过生产高质量的咖啡，为建设祖国而奋斗。

这就是为什么我有机会接收和品尝来自世界各地的优秀咖啡。亚洲的咖啡是很好的，最近厄瓜多尔咖啡的表现也很突出。

我的经验是：“优质的咖啡，无论冷热都是很棒的。”热的时候，它会有一种类似茉莉花的香味；冷的时候，则会变成橙花的香味。我相信，好的咖啡可以让你根据不同的温度来享受这样的“味之起伏”。

还有一个咖啡品鉴术语“风土（Terroir）”，意指产地环境的特点，原本是葡萄酒品鉴的术语，它改变了品鉴咖啡的方式，引导人关注不同温度带形成的咖啡口味的变化，这样的品鉴方式也可能会改变咖啡的世界，从而创造出一种新的享受咖啡的方式。

第一课

从零开始了解咖啡

咖啡的真面目是植物的种子

请仔细观察你不假思索就喝下的咖啡。为什么它闻起来这么香？为什么它是这样的颜色？这样的好奇心将引导我们走进深奥的咖啡世界。

从咖啡树上收获的果实中取出的种子，经过精制→烘烤→研磨成粉→萃取的过程，成为咖啡。

咖啡树结成的“咖啡樱桃”

“咖啡樱桃”里的两粒种子就是咖啡的真面目。

很多人在咖啡馆或餐馆喝别人泡的咖啡，可能没有多少人有自己泡咖啡的习惯。也有一些人说自己只“喝”咖啡，因为他们的家人或朋友会为他们冲泡咖啡。

那些自己冲泡咖啡的人可能会仔细观察咖啡的样子，从浅棕色到深黑色，它的颜色各式各样。这液体具有真正诱人的香气。有没有越看越觉得奇怪呀？

这香味到底是什么呢？为什么咖啡的颜色这么黑？

其实，液体咖啡是由开在树上的花的种子制成的，将这种子经过烘烤，研磨成粉末，再将热水浇在上面，就可以提取出精华。之所以闻起来很香，是因为咖啡的种子含有多种成分，经过烘烤，就像烤吐司那样，能够使其香味倍增。

POINT

追溯一杯咖啡的来路，
那尽头是来自于大洋彼岸的植物种子。

我们随口称其为“咖啡豆”，但实际上应该是咖啡“种子”。咖啡的黑色正来自于烤过的咖啡种子的颜色。

可见，咖啡是一种独一无二的经过精心制作的饮料。我们尚不完全知道到底是谁发现了咖啡，以及它是如何开始被用作饮料的。

自从它在非洲大陆被发现以来，它的好味道和缓解疲劳的效果就得到了认可，并被传播到了世界各地。今天，正是因为世界上的某个地方有人在种植咖啡，加工咖啡豆，所以你的手中才有咖啡。多么神奇啊！

从白色小花的种子到你的杯子里

从植物的种子到咖啡

咖啡有红色果实时期

如前所述，咖啡豆是一种植物的“种子”。

咖啡作为一种植物的名称是“**咖啡树**”，被归类为“茜草科咖啡属”。顺带一提，以其芳香的白色花朵而闻名的栀子花，也属于茜草科。咖啡也有非常漂亮的白花和可爱的香味。

开花后，咖啡树和其他植物一样会结出果实。这果实起初是绿色的，逐渐变成红色或紫红色，越来越成熟，也有一些品种结出的果实是黄色的而不是红色的，形状为圆形或椭圆形。

咖啡的果实被称为“**咖啡樱桃**”，因为它们看起来像樱桃。

咖啡树

茜草科常绿灌木。野生的能长到 9~12 米高，但在种植园里为了方便采摘一般被修剪到 2 米左右。叶子较长，呈椭圆形。

咖啡樱桃

在原产地，人们会饮用由成熟的咖啡樱桃的汁液发酵而成的果汁。

从果实中取出的种子就是生豆

咖啡樱桃里有种子，这就是我们熟悉的咖啡。种子是半球形的，就像一个分成两半的球，它们面对面贴在一起，好像非常相亲相爱。

咖啡樱桃的果肉很薄，在树上完全成熟时，尝起来很甜，糖度可以超过 20 度。糖度是指每 100 克糖液中含糖量的指标。如果是糖度超过 20 度的桃子或葡萄，那么在交易市场上就会被认为是非常贵重的水果了。

对了，咖啡樱桃的果肉中也含有**咖啡因**。

咖啡樱桃是由人工或机器采收的。采收后，果肉被去除，只有种子经过处理，如干燥和脱粒等，然后被加工成“生豆”。

咖啡因

从归属的系统上来说，咖啡（茜草科）、茶叶（山茶科）和可可（梧桐科）是不同的植物，但它们都含有咖啡因。咖啡因以其刺激作用而闻名，长期以来一直被用作饮料。

在消费国进行烘焙，然后进入你的杯子

咖啡通常以生豆状态出口，漂洋过海到达消费国，然后人们会对生豆进行烘焙。

咖啡豆含有多种成分。加热后，这些成分会产生化学变化，散发出咖啡的独特香气和味道，这个过程就是“烘焙”。未经过加热的生豆是淡绿色的，气味生涩，不能直接饮用。烘焙是指对咖啡豆进行烘焙的过程。咖啡豆中的成分通过烘焙发生变化，转化为构成其味道和香气的成分。

经过烘焙的咖啡豆会变成棕色或黑褐色，并且产生一种香气。豆子内部发生了**美拉德反应**和**焦糖化反应**等化学变化，香气、甜味、酸味和苦味都是在这个过程中产生的。

美拉德反应

在食品加工过程中发生的化学反应之一。能够使咖啡、吐司等呈现烤制后的棕褐色，使新鲜出炉的面包产生香味。

焦糖化反应

食物中的糖类受热后发生反应，产生棕褐色的现象。

掌握了知识，那就开始冲泡咖啡吧

充分了解有关咖啡的知识后，下一步就是萃取咖啡的方法了。

经过前述程序制作而成的咖啡豆，有很多冲泡方法。其中代表性的一种被称为“滴滤法”。简单的步骤说明如下。

❶ 把咖啡豆研磨成咖啡粉

❷ 注入开水

❸ 咖啡成分转移到开水中

如果能遇到一家拥有优秀的烘焙技术（即“知道哪些化学变化要进行到什么程度，到了什么程度就应该停下来”）的咖啡店，或者只是发现了烘焙程度正对自己口味的咖啡，那都是再幸运不过的了。

当你找到了好豆子，那么接下来要做的就只是冲泡和饮用了。

不断尝试、不断失败，与此同时，不断进步。

没有专门的器具也没关系，用滤茶网就行

即便没有任何专门工具，也可以用滤茶网来泡咖啡。只需将热水倒在咖啡粉上，让它静置四分钟，然后用滤茶网过滤咖啡粉。你看，这多容易啊。而且这样泡出来的咖啡味道出乎意料地好呢。

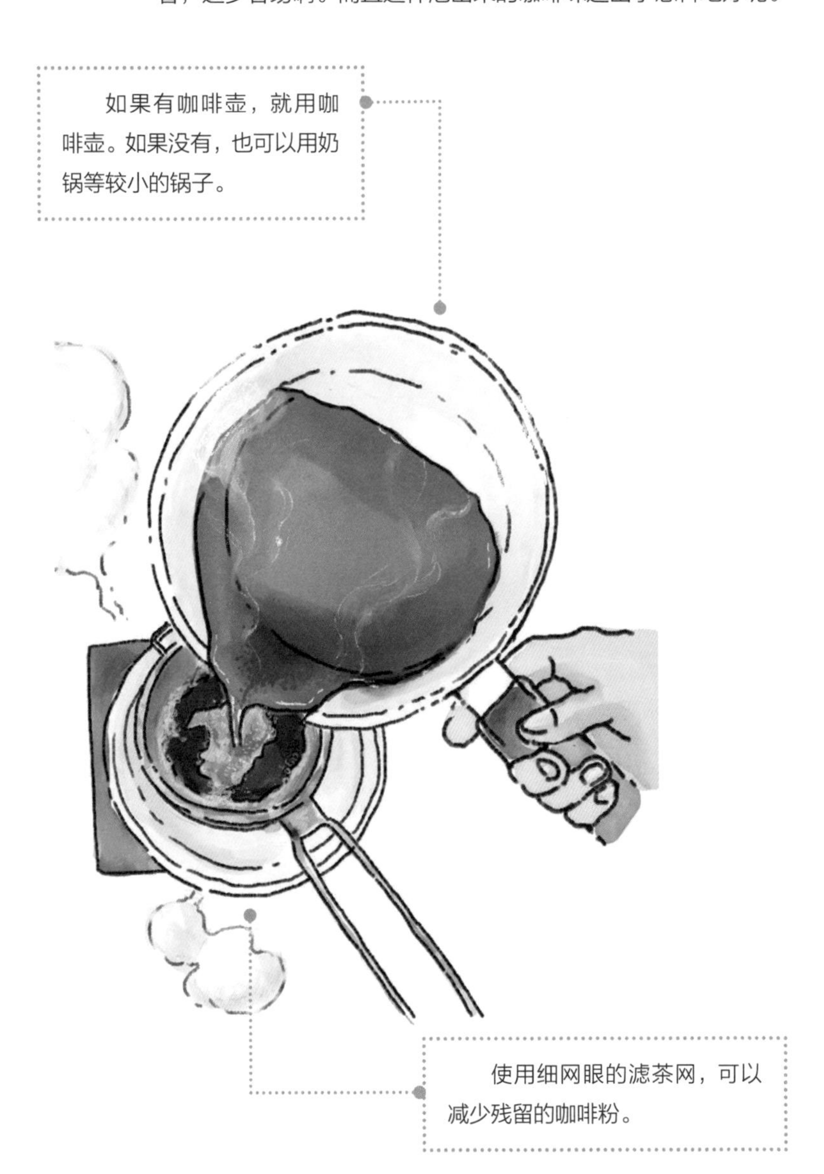

当你已经了解咖啡这种农作物到底是什么，萃取咖啡的原理又是什么，那就可以开始冲泡了。

最开始，甚至不需要冲泡咖啡的专门工具。用滤茶网就行，这在每个家庭中肯定都能找到。如果没有，可以在 10 元店里买一个。

冲泡咖啡的过程如下。

首先，准备一个奶锅或者其他小锅子（或者小耳锅）。其实咖啡壶很好用，但以后再买也不要紧。将咖啡粉放入锅中，倒入热水。如果你没有研磨机，可以去咖啡店磨，或者直接购买咖啡粉。标准用量是每 100ml 热水中含有 6~8 克咖啡粉。

POINT

滤茶器滴滤法
是迈向制作家庭咖啡的第一步。

至于其他问题（比如热水的温度是多少？是否应该一点一点地分次倒水？），你就不用考虑了。用刚烧开的电水壶倒水就行。

放置 4 分钟后，咖啡的成分已经完全溶解在热水中。但如果就这样饮用，咖啡粉还会残留在你的嘴里，所以这时候就需要滤茶网出场了。把滤茶网架在马克杯上，将咖啡液通过滤茶网倒入杯中，这样就能过滤残留的咖啡粉。

请看咖啡的表面。可以看到漂浮着少量的油，这就是咖啡豆中含有的咖啡油脂，其中富含风味和香气物质。

这虽然是一种非常粗糙的方法，但能很方便地冲泡出类似于法式压滤壶（参照第 72 页）做出来的咖啡味道，所以推荐给大家。

滤茶网是一个多功能的工具。除了上述冲泡方法，还可以用它去除“微粉”，即咖啡豆被研磨成粉末时出现的小于 100 微米的细粉。

方便挂耳包，轻松不失败

人们送礼经常会送挂耳包咖啡。随着生活品质的提高，很多人也会买给自己。冲泡起来既方便又不会失败的挂耳包使我们的咖啡生活更加轻松。

不要小看挂耳咖啡哦。它们是独立包装，因此很少有变质的问题，而且味道很好。刚开始时就不要担心温度的问题了，大胆冲泡吧。

如果将挂耳包浸泡在咖啡液中，则无法再萃取任何成分。因此使用有一定高度的杯子可以让热水和粉末充分接触，加强萃取效果。

说到年节礼品，挂耳咖啡礼盒是很受欢迎的。因为使用起来特别方便，只需把它们放在杯子里，然后往里面倒热水就行，不需要专门的工具。又因为是便携的独立包装，非常适合在工作场所这样的地方分送给同事或朋友。

除了老牌企业和制造商，最近一些主流连锁品牌咖啡馆也在销售这种包装时髦的产品。有的推出了包含各种豆子的套装，消费者能够接触到通常自己不会选择的咖啡豆，也挺有意思的。所以不少咖啡迷不仅购买这些产品作为礼物，也会自己买来喝。毕竟，能够稍微喝一点试试味道，也是很令人愉快的事。

POINT

挂耳咖啡便于品尝。
去寻找适合自己口味的咖啡吧。

虽然冲泡挂耳咖啡对任何人来说都不会失败，但也有一些技巧可以使它变得更美味。最基本的规则就是要遵守包装上注明的热水量。

- 使用杯壁较高的杯子，确保挂耳包不会被浸泡在萃取的咖啡液中。（因为没有更多的成分可以被提取到已经萃取完成的咖啡液中）。
- 第一次注水后
  闷蒸一分钟左右，然后再进行正式的萃取

比挂耳咖啡更方便的“茶包咖啡”，也有望成为流行。和茶包一样，只要把它们浸泡在热水中到规定的时间，就可以了。出门前，把茶包咖啡放在自己的随行杯里，加上适量的热水，就可以在路上喝上一杯热咖啡。

井崎咖啡师的 freetalk ②

戒不掉的咖啡因应该如何对待

我太太怀孕的时候，曾经决定不再在晚上碰咖啡因。但是她还是很想喝咖啡，于是就想着，要不只喝无因咖啡吧。

在此之前，我一直对无因咖啡持怀疑态度：把咖啡中的咖啡因去掉有什么意思？但处在那个立场上，我终于明白了无因咖啡的重要性和它的现状。在那之后，我喝了大约20种无因咖啡，却没有一种能真正打动我。因此，我决定自己制作无因咖啡。

以前，我喝起咖啡来简直肆无忌惮，甚至半夜和凌晨都会喝。我的身体似乎有很强的分解咖啡因的能力，我太太也是如此。

但是当我真的把普通咖啡换成无因咖啡以后，早晨起床的感觉就变好了。一个多礼拜后，我忽然发现了这一点。闹钟一响我就能很干脆地起床，感觉非常清爽。可穿戴设备测量的结果也证明，我的睡眠质量也得到了很大的改善。

一旦摄入了咖啡因，那就需要经过大约12小时才能完全代谢掉。然而，在我的生活方式中，要在睡前12小时内坚持不喝咖啡是很困难的。现在我从傍晚开始在家里或在办公室都喝无因咖啡，感觉不错。

喝咖啡是在早晨开启身体和头脑的好方法。这时候无须过于担心咖啡因的影响。不过如果你感觉身体不适，那最好提早最后一次喝咖啡的时间，或把量减半。

起床困难户如果觉得有可能是咖啡因的影响，那就应该确认一下自己饮用咖啡的量以及时间和身体状况之间是否有关系。

咖啡的好处不仅在于咖啡因的效果，喝咖啡带来的精神作用也很大，就像茶道一样。冲泡咖啡就像休闲化的茶道，对我们的心神有好处。这些都是我们想喝咖啡的原因。也就是说，摄入咖啡因并不是与咖啡相处的唯一方法。

社会上的成功人士和各个领域的专业人员对咖啡因都很谨慎。有些人会说“下午四点后不喝咖啡”之类的话。他们知道咖啡因会影响他们的睡眠质量，并直接影响到他们的工作表现。

数据显示，美国的千禧一代和Z世代正在转向无因咖啡，仅这两代人的消费量就占全美无因咖啡总量的约30%。

第二课

在家享受！
冲泡方法的基础和种类

冲泡方法的种类

同样的咖啡可以有不同的冲泡方式和萃取方法，从而得到不同的口味。通过实验找到适合自己生活方式和个性的冲泡方法也是一大乐趣。

你知道有哪些冲泡咖啡的方法吗？

一般来说，大家比较熟悉的是“滤纸滴滤”法，把热水倒在咖啡粉上，一次萃取一杯。放置滤纸，倒热水，等待萃取，这需要时间和精力。但令人意外的是，这样的等待也有一种愉快的感觉。细小的颗粒被过滤掉，可以享受到干净、清澈的味道。咖啡渣可以和滤纸一起丢掉，所以清理起来很方便。

还有一种同类型的滴滤法叫作“法兰绒滤布手冲法”，它使用的是一种叫作法兰绒的布质材料。在一些日式咖啡馆里，咖啡是一次性为很多人冲泡的，并在有客人点单时重新加热供应。有些咖啡迷甚至认为用法兰绒布做手冲才对味，“有种只有法兰绒布才能带来的

POINT

冲泡咖啡的方法多种多样。
适合自己的才是最好的。

味道”，确实那种温和的口感非常有魅力。不过，法兰绒滤布的清理和保养还是挺费功夫的。

“法式压滤壶”是一种和红茶专卖店中的压茶机类似的设备。将咖啡粉放入容器中，倒入热水，放置一段时间，让成分溶解在热水中。然后，金属滤网被压下，萃取液被倒入杯中。只要遵守分量上的规定，任何人都可以用法压壶泡一杯咖啡。所以用过一次就会知道它有多方便，可能就会成为家里的必需品了。

还有“冷泡咖啡”，这和冷泡大麦茶一样，就是把咖啡浸泡在凉水中的方法。需要花更长时间，但不费一点力。比这还简单的就是全自动咖啡机了。

可见，根据冲泡方法的不同，咖啡口味和萃取的方法也是各种各样的。希望大家能找到适合自己生活方式和个性的冲泡方法。

了解历史会使冲泡咖啡更有乐趣

咖啡的历史和冲泡器具的浪漫故事

通过东印度公司的贸易来到欧洲

自古以来，咖啡在其原产地有许多用途，其中也包括作为水果食用，具有提神醒脑的**药用**价值。直到 15 世纪左右，普通民众才开始将咖啡作为一种饮料。

1554 年，世界上第一家咖啡馆在土耳其的君士坦丁堡诞生了。通过东印度公司的贸易活动，咖啡被引入欧洲。**咖啡屋**和咖啡馆也在伦敦、威尼斯和巴黎等城市兴起，作为喝咖啡、谈生意和社交的场所而受到欢迎。最终被引入美洲，拉丁美洲也开始了咖啡的种植和生产。

药用

世界上最早的关于咖啡的文字记载出现在 10 世纪左右由伊斯兰医学家撰写的《医学汇编》中。该书指出："咖啡籽煮出来的汁液对胃有好处，具有提神和利尿的作用"。

咖啡屋

诞生于 17 世纪的英国伦敦。是可以吃小吃的咖啡店，也是社交和交换信息的场所。

最开始是用咖啡粉和水一起煮出来的土耳其咖啡

咖啡的香气，以及它所营造的精致氛围吸引了许多人，在世界上各地诞生了各种萃取方法。

例如，在欧洲，咖啡最初被引入时，人们烘烤咖啡豆、研磨咖啡粉并将其与水一起放入一个器皿中进行**烧煮**。但咖啡屋有一个问题，那就是咖啡会失去香气，因为他们必须为大量的人准备咖啡。为了解决这个问题，人们发明了把咖啡粉浸泡在热水中进行萃取的“浸渍法”。这种方法可以说是今天法式压滤壶的起源。

后来，人们发明了把咖啡粉装在布袋中，用热水浇在上面的方法，这在法国流行起来。再后来，一位马口铁匠发明了一种带布质滤袋的咖啡壶。这种咖啡壶以他的名字命名，被称为“唐·马丁壶”。

烧煮

当咖啡被引入欧洲时，人们采用土耳其式的方法进行萃取，使用的工具是“土耳其咖啡壶”（Ibrik），也称为“土耳其铜壶”（Cezve）。

地方变了，咖啡也变了

值得注意的是，饮用咖啡的方式和搭配会根据当地风俗和饮食习惯的变化而变得多样化。例如，将咖啡和等量牛奶混合而成的**咖啡牛奶**（法国），以及在高温高压下由研磨得极细的咖啡粉萃取而成的浓缩咖啡（意大利）。

浓缩咖啡的特点是味道浓郁，这催生了使用糖和牛奶来制作拿铁、**卡布奇诺**和其他调配饮料的文化。

在咖啡历史不是很悠久的亚洲国家，自由创意的特调咖啡十分流行，人们会在咖啡中加入炼乳或酸奶等。

虽然咖啡的冲泡方法多种多样，但说到原理也只有两种

以上所介绍的这些不同的萃取方法和工具，根据萃取的原理，大致可以分为以下两种类型。

浸渍法　是一种将咖啡粉浸泡在热水中的萃取方法。不使用过滤工具。用法式压滤壶制作咖啡就属于这种方法。

咖啡牛奶
在咖啡中加入热牛奶制成的饮料。

卡布奇诺
用蒸汽加热浓缩咖啡，同时加入打发泡的牛奶（奶泡）而制成的饮料。

法式压滤壶是一种罐状的器具，据说是在法国被发明的，或者说被推广的。将咖啡粉和热水装入法式压滤壶，用名为“柱塞”的金属过滤器将咖啡粉向下压，只倒出萃取液。

在日本，人们经常把它和泡红茶的器具混淆，但它最初是用来泡咖啡的。

渗透式　热水间歇性地通过咖啡粉层，过滤咖啡液的萃取方法。滤纸滴滤咖啡、法兰绒滤布滴滤咖啡和浓缩咖啡都属于这种方法。

在日本，长期以来滤纸滴滤法一直都是主流，一些专门的咖啡店也采用法兰绒布滴滤法或**虹吸法**。随着自助咖啡馆的流行，浓缩咖啡也变得很普遍。

此外，还有结合了浸渍法和渗透法的混合方法。

爱乐压（AeroPress）和聪明杯（CleverDriper）就是典型的混合型萃取装置。咖啡萃取的方法每一天都在进化。

专为咖啡萃取而设计的工具是智慧和娱乐性的结晶。收集和使用它们是一种特别的乐趣。

虹吸法

使用上下两层玻璃容器的方法。用蒸汽压力使热水上下移动实现萃取。外观独特，具有戏剧性的效果。

爱乐压

是一种类似大注射器的装置。将咖啡粉和热水充分混合后，利用空气压力将咖啡液推出，同时萃取。

基本的滤纸滴滤法

设置好滤纸，放上咖啡粉，倒入热水，等待萃取。这一连串的动作让人联想到茶道的优美风格。冲泡过程中美妙的香气四溢，非常有疗愈人心的效果。

你可以控制热水接触咖啡粉的情况，享受追求个人口味的乐趣。

上图描述的浇注热水的方法很重要。要从咖啡粉的中心开始，然后以打圈的方式慢慢移动水柱，弥漫整个表面。 如果咖啡粉沾到了滤纸的侧面，可以摇晃它，让咖啡粉回到热水中。

如果你已经会用滤茶网或挂耳包泡咖啡，那就可以进入下一个阶段了。滤纸滴滤法怎么样?

滴滤器的材料有塑料、瓷器和金属玻璃等。你可以根据自己的喜好和预算来选择。滴滤器有不同的开孔数量、尺寸和凹槽。由于结构不同，冲泡出来的咖啡的味道也不同。基本上有以下几种滴滤器：

- 牢固的梯形
- 利落的圆锥形
- 稳定的波浪形

你可以通过学习的经验来探索自己喜欢的味道。例如，你可能会发现“如果只有一个孔，热水排出的速度就比较慢，所以倒水的时候要稳一些”。

理想情况下，过滤咖啡粉的滤纸应该是和滴滤器相同制造商的正品。萃取方法如下：

POINT

初学者也没问题!
准确测量咖啡豆和热水是重点。

萃取方法如下:

1. 煮沸水（标准水温为 92℃）
2. 称量咖啡豆（100 毫升热水对应的标准为 6～8 克）
3. 研磨咖啡豆（如果是咖啡粉，则不需要这一步骤）
4. 将滤纸置入滴滤器
5. 用热水温湿滤纸
6. 放入咖啡粉，倒入热水

只要准确地测量咖啡豆和热水，即使是第一次尝试冲泡咖啡的人也不会失败。诀窍是在第❻步分三个阶段倒入热水。第一次用总水量的 20% 闷蒸咖啡粉，第二次再用 20%，第三次用剩余的 60%，这样味道最好。

有趣的法兰绒布滴滤法

这种方法有种像是昭和时代日式咖啡馆的氛围感。它是需要技巧的，工具也有自己的特殊性，味道也是独一无二的。如果你认真地想培养自己的咖啡爱好，推荐你试试法兰绒布滴滤法。

如果用的是滤纸，那么只有咖啡粉的顶部会膨胀，但如果用的是法兰绒布，那么整个布袋子都会膨胀。看着咖啡慢慢滴落，真是一种充满疗愈感的体验。

当我们用布而不是用纸来过滤咖啡粉的时候，滤纸滴滤就变成了滤布滴滤。最常见的滤布是一种被称为“法兰绒”的材料。

纸的纤维非常细密，不会让任何细小的颗粒通过，而法兰绒的纤维较粗，因此可以萃取各种会被滤纸过滤掉的成分，包括咖啡中含有的油脂。所以法兰绒布过滤的咖啡在口中具有光滑的口感和醇厚的味道。

基本的冲泡方法和滤纸咖啡是一样的，都是“放置咖啡粉，并且倒入热水”。但用滤布的特点是，“咖啡粉整体会膨胀”，而且“内部容易出现对流”。

POINT

感觉自己就像日式咖啡馆的老板。
冲泡咖啡的姿态赏心悦目。

因此，包括浇注热水的量和速度以及移动滤布的方式在内的每一个决定和控制都可能导致完全不同的结果。

另一个特点是，滤纸是一次性的，而法兰绒布可以重复使用。

但是，每次使用后必须清洗，而且必须用清水，因为洗涤剂会影响咖啡的味道。而且一旦开始使用，这块滤布就得一直浸泡在水中，并且存放在冰箱里，必须小心地处理和保养。

虽然都是滴滤法，但用滤布比用滤纸需要更多的时间和精力，但获得的美味也是与付出的努力相匹配的，这一点就是它的魅力。如果你有兴趣，可以试一试，因为这样你就可以在家里享受到像咖啡馆里喝到的那样醇厚口感的咖啡。

对初学者友好的法压壶

只要你遵守分量，就不会失败，就是这么简单。这种器具外观优雅，在厨房里有独特的存在感。

直接用电水壶倒热水也没问题。咖啡中含有的咖啡油也溶解在热水中，使你能够完全地享受咖啡的成分。

法式压滤壶，顾名思义，是一种据说起源于法国的东西。也被称为“柱塞壶”“咖啡压滤器”或“咖啡馆压滤器”。美国和欧洲的许多家庭都使用这种法压壶来冲泡咖啡。

法压壶的主要部分是筒状的，由玻璃制成。容器内有一个“柱塞”，这是一种板状的金属过滤器，可以向下推并封住咖啡粉。

它看起来像一个壶。在日本，红茶店也把它用作一种泡红茶的工具（严格来说，法压壶和压茶器是两回事，但它们可以互相兼用）。

POINT

不用担心细节，
只要严守分量就不会失败。

冲泡方法很简单：将咖啡粉放入容器中，倒入热水，几分钟后，轻轻推下柱塞（金属过滤器）。这个容器还有一个出水口，所以只需直接将咖啡液倒入杯中就可以了。

如果把分量拿捏得当，就不需要练习或技巧。

井崎流派的配方如下：建议把咖啡粉研磨得细一些，并且根据咖啡豆的烘焙程度改变分量。一般 100 毫升的热水对应浅烘焙的为 8 克，深烘焙的为 6 克。

一些咖啡馆使用法式压滤壶，因为它的好处是冲泡的步骤很清楚，味道也不太会因为制作的人不同就变得不一样。

虽然难度较低，但咖啡豆的成分会充分溶解，味道也更浓郁。另外，它也会导致产生细小的微粉，因此如果在饮用前用滤茶网再过滤一遍，那么就能确保更好的口感。

浓醇的浓缩咖啡

咖啡馆里的咖啡师工作十分忙碌，他们使用的机器是浓缩咖啡机。这是一种用压力萃取咖啡的机器，但用起来可不简单，需要通过训练来掌握它的使用方法。

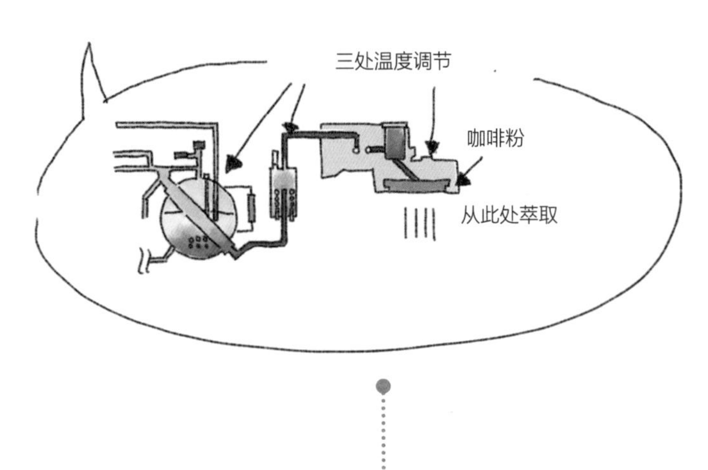

咖啡馆里非常有存在感的帅气银色机器的真实构造如上所示。这种型号正是世界咖啡师大赛官方指定用机（意大利Simonelli公司产）。

用高压热水压缩咖啡粉，用类似于压榨的方法制作出来的就是浓缩咖啡。据说起源于大约100年前的意大利。随着星巴克等咖啡馆的蓬勃发展，日本人对浓缩咖啡也已经很熟悉了。

浓缩咖啡是由被称为咖啡师的工作人员使用专门的浓缩咖啡机在店里制作的。虽然是用机器制作的，但并不完全交给机器来完成，这是一个手艺人的世界。为了达到理想的口感，在选择合适的咖啡豆、确认烘烤的程度和研磨的方法、使用什么设备以及如何使用等各个方面，都考验着咖啡师的判断力和技巧。咖啡师们能够冲泡各种各样的咖啡，但据说其中浓缩咖啡的萃取方法是最难的。

POINT

令人沉醉的咖啡师手艺，
闪耀着匠人技术的浓缩咖啡。

浓缩咖啡的浓度是普通滴滤咖啡的8~10倍，苦味和酸味等复杂的味道都浓缩在其中。

在此基础上，可以进一步发展出俏皮有趣的特调咖啡，比如用打发泡的牛奶（奶泡）制作卡布奇诺，或者在浓缩咖啡表面作画的“拿铁艺术”。

意大利家庭通常使用一种明火煮制咖啡的器具，意大利语叫作“Macchinetta”。在日本花几千日元就能买到这种器具，值得一试，因为用明火煮咖啡是很有意思的。此外还有既不用火也不用电的手动浓缩咖啡机。

当然，市面上也买得到很好的家用电动机器，还有可以制作奶泡的机型。

杂味全无、香气清晰的冷泡咖啡

正如冷泡大麦茶已经取代用水壶煮的大麦茶而成为主流一样，现在咖啡也可以很容易地用凉水冲泡。制作方法很简单：只需将咖啡粉浸泡在凉水中。当它达到一个恰当的颜色时，就可以饮用了。

通过控制咖啡粉和水的比例、萃取时间等因素，你可以创造自己喜欢的口味。在追求风味的同时享受乐趣。

咖啡也可以用凉水冲泡。过去，人们一般用水壶煮大麦茶，但现在更流行用凉水冲泡这种简单的方法。凉水泡咖啡也是完全相同的方式，只需将装有咖啡粉的袋子放在一壶水里，放置一晚，冷泡咖啡就完成了。由于不使用火或热水，即使在炎热的夏季，不出汗也可以冲泡。

建议用量为每百毫升水加 8~10 克咖啡粉。如果将咖啡粉研磨成中等细度，萃取效果更好，并且不容易产生杂味。咖啡粉可以放入煲汤袋中，使用完毕后处理也很方便。

虽然有人认为，冷泡咖啡的风味不够明显，因为它是在室温下进行萃取的，但必须承认其优势和吸引力更多。

POINT

把咖啡粉放进水里就行了。
剩下的就交给时间。

最大的优点就是，正因为不是在高温下萃取的，所以不容易产生高温下萃取会产生的不良杂质。最重要的是，冷泡很容易，所以才会有这么多爱好者。

最近一个有趣的趋势是用牛奶代替凉水来做冷泡咖啡（奶萃咖啡）。这是将咖啡粉浸泡在牛奶中进行萃取的方法。比较一下，普通的咖啡加牛奶和奶萃咖啡味道有什么不同，也是很有趣的。

顺便说一下，冷泡咖啡也被称为“荷兰咖啡”。据说战前荷兰开始在其当时的殖民地印度尼西亚种植咖啡，为了符合自己人的口味，荷兰人发明了冷泡咖啡的方法。

超简单的自动咖啡机

加入咖啡粉和水，打开开关，萃取就完成了。使用自动咖啡机可不是马虎或懒惰的表现，因为为自己冲泡咖啡这件事本身最为重要。现在，市面上已经有许多高性能的机器可供选择。

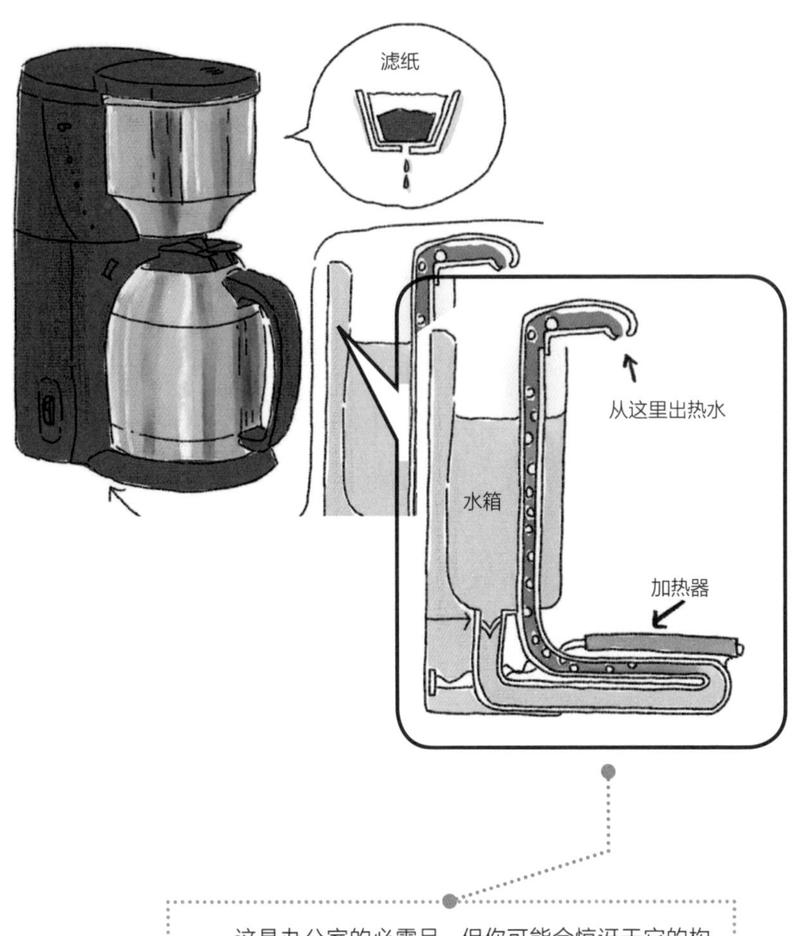

这是办公室的必需品，但你可能会惊讶于它的构造。它的内部设计既简单又合理。在繁忙的早晨，让它为你制作一杯好咖啡吧。

购买咖啡豆，和水一起放进机器，只需按下一个按钮，就能完成从研磨咖啡豆到冲泡咖啡的所有工作。这就是自动咖啡机。很多人应该已经在办公室或家庭餐厅的饮料吧台使用过它吧。

有人可能会想："全自动的，味道不咋样吧？"但是现在可不是那样的时代啦！

比如，有家便利店安装了一台高性能的自动咖啡机，因此赢得了"那家店的咖啡特别香"的声誉，甚至超过了罐装咖啡成为最受欢迎的产品。

在制造商的努力下，家用咖啡机产品的价格越来越亲民了。初学者在开始用滤纸做滴滤咖啡前，可以从自动咖啡机开始入门。

POINT

选择无研磨功能的机型，
直接使用咖啡粉来冲泡。

尤其在繁忙的早晨，咖啡机的存在难道不是帮了我们大忙吗？

冲泡美味的咖啡只有一个诀窍：用自己买的研磨机研磨咖啡豆。

有一些自动咖啡机内置研磨器，放入咖啡豆后可以将其磨成粉，然后再进行萃取。但不建议用这种机器。这是因为不管是多么高功能的机器，如果内置的研磨器也是高规格的，就不会有利润，所以咖啡机内置的研磨器一般都没有那么好。如果你买的是咖啡粉，或者买咖啡豆也行，只要在放入机器前另外用研磨机磨成粉，就可以用自动咖啡机冲泡得特别好。因此，建议选择机器的时候，把"没有研磨功能"作为一个必要条件。其他选择项刚开始的时候不用在意，挑一个能吸引你每天都想用它的设计就行。

为什么便利店的咖啡那么好喝

便利店的咖啡已经成为日常生活中不可或缺的一部分。

咖啡是一种日常饮料，所以顾客不会特地跑大老远去买它。 如果你要买咖啡，你希望最好在附近就能买到。通常，遍布每个城镇的便利店就是最好的咖啡店。

据说，日本大约有五万家便利店。 如今，你可以在全日本任何地方的便利店获得同样质量的咖啡。

而且由于各品牌便利店都做出了巨大的努力，几乎所有便利店咖啡的味道都非常好。告诉大家一个小秘密，即使成本较高，便利店也会使用高质量的咖啡豆，因为好的咖啡能够刺激顾客同时购买别的东西。 全自动的咖啡机被引进后，在日本有了独特的发展，性能变得更多更好。不过，没有多少人意识到，便利店的咖啡其实是浓缩咖啡和滴滤咖啡的混合产物。

比如，某些便利店会使用浓缩咖啡机，萃取浓缩咖啡后，用热水稀释，使其变得像普通的滴滤咖啡一样。所以严格来说，这种咖啡是一种兑了热水的浓缩咖啡，即“美式咖啡”。如果你感觉到嘴里有咖啡颗粒，或者看到杯底有轻微的咖啡渣残留，那一定就是浓缩咖啡机做出来的咖啡了。

某些便利店还会使用高性能的滴滤咖啡机。因为经过仔细调研，他们确信日本市场更欢迎滴滤咖啡。后来，为了追求日本人喜欢的口味，一种产生较少微粉的滴滤咖啡机应运而生。浓缩咖啡口感丰富、醇厚，而滴滤咖啡则有一种奇妙的清爽口感。两种都尝尝，做一下比较是很有趣的哦。

我所监督的汉堡包连锁店也因为推出了新口味的咖啡而成了热点话题。厉害的是，他们对机器的用处进行了区分——用浓缩咖啡机制作拿铁咖啡，用滴滤咖啡机制作滴滤咖啡，所以顾客可以享受到足以媲美咖啡馆的正宗咖啡。

最近，还有一些服装品牌店也从便利店咖啡的流行中吸取经验，开始在店铺内设立咖啡空间。这说明商家对咖啡日常性的认识提高了，以此方式吸引更多的顾客一再光临。梅赛德斯-奔驰还开设了一家咖啡馆，十分引人注目。

今后也许还会有其他我们意想不到的店铺设置咖啡空间呢。

第三课

好工具配好方法！了解咖啡工具

热水通过咖啡粉的“渗透式”和热水浸泡咖啡粉的“浸渍式”

咖啡的冲泡方法各式各样，例如滤纸滴滤法和法式压滤壶冲泡法，重点是要明确“如何混合咖啡粉和热水”。萃取可分为两种主要类型：“浸渍式”和“渗透式”。

“浸渍式”的代表是法式压滤壶冲泡法。利用蒸汽压力的虹吸咖啡壶也是浸渍式。

“渗透式”以滤纸滴滤法为代表。意式浓缩咖啡和法兰绒布手冲咖啡的萃取方式也属于渗透式。

随着对咖啡的了解越来越深，你就会越来越想要收集各种冲泡咖啡的工具。

在本章中，我们将介绍冲泡工具，但在此之前，先来回顾一下冲泡方法。咖啡相关的设备和工具虽然有许多不同类型，但任何冲泡方法都可以分为两类：渗透式和浸渍式。

冲泡咖啡意味着使咖啡豆中含有的成分转移到热水中。因此关键在于热水和咖啡粉是如何混合的。

通过使热水间歇性地穿过咖啡粉层来萃取咖啡液的方法被称为“渗透法”，而通过一次性混合咖啡粉和水来萃取咖啡液的方法被称为“浸渍法”。

POINT

粉末和热水的混合方法很重要。
根据口味和冲泡习惯进行选择。

“渗透法”需要制作一个咖啡粉层，让热水施加本身的重量和压力于其上，将精华萃取到热水中。

新的热水接连通过咖啡粉层，因此也可以通过控制热水通过的速度来调整萃取液的浓度。由于萃取成分的效率相对较高，建议可采用研磨度为中粗至中细的咖啡粉。

“浸渍法”即将咖啡粉与热水直接混合的方法。浸渍法在萃取的早期阶段就能够使咖啡液达到很高的浓度，其中的咖啡精华成分已经饱和，萃取便难以继续进行。因此建议采用细粉，研磨度越细，咖啡的表面积越大，也就越能够让热水有效接触咖啡表面。

相较之下，浸渍法的特点是萃取液中会混有细小的粉末，而渗透法的特点则相反。

我们还是根据口味和冲泡方法的个人喜好来选择使用哪种方法吧。

知道越多，越觉得萃取机制深奥

更深入地挖掘渗透法和浸渍法

世界各地的咖啡爱好者们发明了多种多样的冲泡方法

由于我们热爱咖啡的祖先进行了研究，如今世界上有各种各样的咖啡冲泡方法和风格。

从咖啡粉和热水如何接触的角度来说，咖啡的冲泡方法有两种类型：浸渍式和渗透式（参见第 82 页），关于这些前文已作简单说明。

下面将更详细地介绍它们各自的特征。

但在此之前，有必要先回顾一下关于咖啡豆烘焙的知识。为了喝咖啡，我们必须将咖啡豆含有的成分转移到热水中。但是，如果将豆子以原始状态浸泡在热水中，水就无法渗透到豆子内部。因此，豆子需要被**研磨**成小颗粒（粉末），以便成分能够有效地转移（**萃取**）到热水中。

研磨

用研磨器、磨豆机或粉碎机等机器将咖啡豆制成粉末。

萃取

通过使用试剂等从固体或液体中提取某些特定物质的操作。就咖啡而言，就是将咖啡豆所含有的成分从豆子转移到热水中。

和酿造果酒的方法相同的“浸渍法”

“浸渍”对很多人来说是一个陌生的词。作为一个烹饪术语，它用于指在烹饪前将米饭浸泡在水中，或者在制作果酒时将水果浸泡在基酒中以提取水果精华的操作。

就咖啡而言，将咖啡粉在热水中浸泡一段时间的方法就是“浸渍法”。

具体来说，法式压滤壶是采用浸渍法的一个例子。咖啡豆所含有的成分被转移到热水中，从而使萃取液成为具有独特的香气和甜味等丰富口味的咖啡。

用法式压滤壶萃取的咖啡，液体中的细小颗粒无法用滤茶网或者筛子之类的东西去除，所以在萃取后要静置一段时间。

然后将柱塞（金属过滤器）轻轻地推至液面上，轻轻地倒出萃取液，确保不会有粉末落入杯中。这样最后得到的咖啡液中就不会有很明显的微粉。

热水通过的同时带走咖啡成分的“渗透式”

接下来是“渗透”这个词。它的意思是“通过物体的内部”。倒在咖啡粉上的热水依靠本身的重量下沉，通过咖啡粉层，带走了咖啡所含成分，杂质被过滤后，形成咖啡液向下坠落。它不像浸泡法那样需要很长时间，其特点是**油脂**和微粉被滤网和咖啡粉层本身过滤。得到的萃取液味道干净、清爽。

由于萃取液是连续滴落的，因此被称为“滴滤咖啡”。

娱乐性强、两全其美的萃取方法

浸渍式和渗透式方法各有优点和缺点。但现在已经出现一种“两全其美”的萃取方法。

那就是21世纪开发的新工具：爱乐压。它外观像一个大注射器，咖啡粉和热水在其中充分混合后，用气压将咖啡液推出。

油脂

咖啡豆的表面有光泽。这是由于豆子中含有油脂。其成分包括甘油三酯等。

也许正是因为它的制造商原本是专门制造飞盘的，而不是专业的咖啡器具生产商，所以它才拥有如此独特的外观设计吧。非常有娱乐性的设计，但能够很好地萃取咖啡成分，在短时间内就能制作出浓郁的咖啡。

除此之外，被称为“浸渍式滴滤器”的工具也已登场。它在底部有一个阀门，可以使热水在滴滤器内积存，从而使热水和咖啡粉能够在滴滤器内混合。由于在滴滤器内放置了滤纸，微粉就能被过滤掉，萃取完成后的咖啡液浓厚且干净。有一些“浸渍式滴滤器”只要架设在杯子上，阀门就会自动打开，让萃取液流出。

追求极致的滤纸滴滤咖啡

虽然这个方法很简单，但无论做多少次都会有新的发现和惊喜，你永远不会对它感到厌倦。

此类工具种类繁多，价格相对便宜，收集起来充满乐趣。

手冲壶由各种材料制成，包括珐琅和不锈钢，外形设计也多种多样。有丰富多彩的颜色变化，大家可以选择与家中装潢相匹配的。

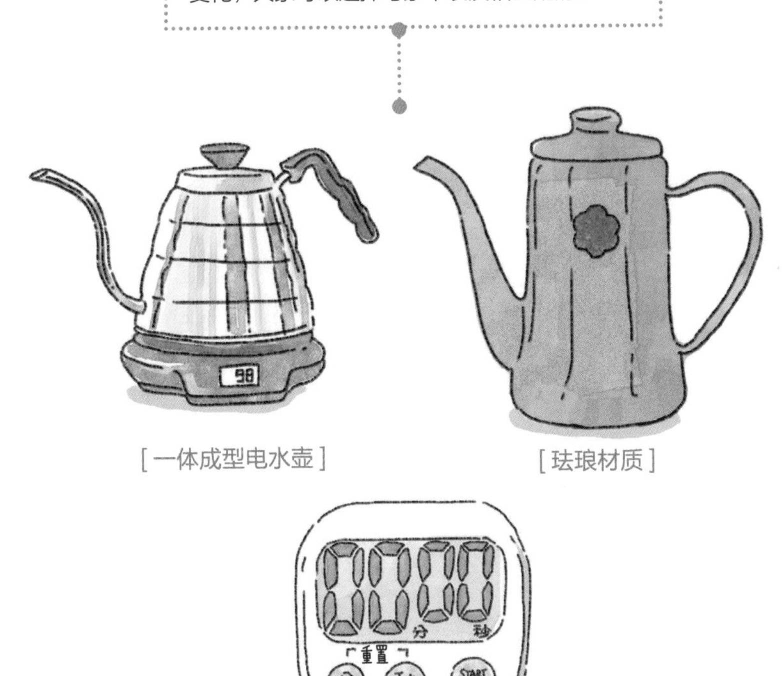

[一体成型电水壶]

[珐琅材质]

[厨房定时器]

如果家里有厨房定时器，需要计时的时候就很方便。最好能够养成设置定时器的习惯。

现在是时候让你更多地了解、体验和享受咖啡的魅力了。下面将介绍一些有用的器具，可以让滤纸滴滤咖啡变得更美味。

制作滤纸滴滤咖啡需要使用滤杯和滤纸。器具、咖啡豆、热水温度、咖啡粉的研磨程度（颗粒粗细）和烘焙程度等个别因素之间产生了复杂的相互作用，从而决定了每一杯咖啡的味道。这种精细的操作充满魅力。要想长期、稳定地冲泡出理想的味道，练习必不可少。

为了改善自己的技术，有时还是得去咖啡馆看看专业人士的手冲滴滤。他们使用的手冲壶真的很漂亮。他们非常专注地让热水像细线或点滴一般从细窄的壶嘴落下的样子，真是架势十足。

POINT

享受根据需要逐一购买器具的乐趣。

市场上也有许多外观诱人的专业手冲壶，例如那些珐琅材质的。

其实，一个电热水壶足以满足家庭手冲咖啡的需要。但一个专门的手冲壶更容易调整注入热水的多少和快慢。通过控制热水的流速、分量和落点，同时分析最后得到的味道，这是一个探索自己喜好的有趣过程。

还有一种配有手冲壶嘴的"一体成型电热水壶"。

最后是定时器。如果你习惯使用智能手机的计时功能，改用定时器会很方便哦。那种字体大、时间一目了然的数码定时器就特别好用。

制作滤纸滴滤咖啡的各种器具

市场上有各种材料和尺寸的滤杯，在线上线下的专业店都可以买到。仔细观察就会发现每种滤杯的滤孔数量和杯体形状设计都各不相同。把不同种类的滤杯收集在一起进行比较，也很有意思。

[滤洞的数量]

热水落下的速度较慢，所以热水和咖啡粉相互接触的时间较长。因此，萃取所得的咖啡味道往往更加浓郁。

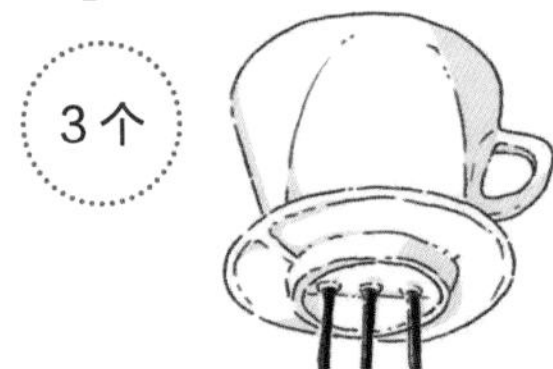

热水落下的速度更快，这减少了热水和咖啡粉的接触时间。萃取所得的咖啡味道比较清淡。

[材质]

虽然比较重，但作为制作咖啡的工具显得很有品位。使用时要小心，因为容易破裂。比塑胶材质有更好的保温效果。

重量轻，易于操作。导热慢，散热快，因此适合用于温度控制。相对来说，价格便宜，收集起来没什么经济负担。

[形状]

热水滤出速度快，萃取的咖啡味道清爽。受到全世界咖啡师的喜爱。

注入热水后，能使咖啡粉完全浸透，因此萃取的咖啡具有一种强劲、浓郁的口感。

内部有凹槽的独特设计。能够使热水和咖啡粉均匀接触，因此即便是初学者也能够冲泡出稳定的口味。

滤纸滴滤法所使用的滤杯是由一位名叫梅丽塔·本茨（Melitta Bentz）的德国女性在 1908 年发明的。它能够有效地防止咖啡粉落入杯中，使咖啡液清澈、口感良好，因此很快就开始在世界各地流行。后来，日本也开始制造滤杯，Hario、Kono 和 Kalita 等日本品牌的滤杯陆续问世。其中一些滤杯受到全世界咖啡师的青睐。

现在市面上有各种不同材料、尺寸和设计的滤杯。不同滤杯产生不同的味道，因此了解其特点将有助于我们更好地打造“自己的味道”。

POINT

根据滤孔数量和杯体材质等搭配，咖啡的味道充满无限可能！

比较的重点如下。

[滤孔的数量]

- 1 个：热水滤出的速度较慢，能够萃取味道较为浓郁的咖啡。滤孔越大，滤出越快。
- 3 个：热水滤出的速度较快，能够萃取味道较为清淡的咖啡。

[材质]

- 陶瓷：好看但重。导热慢，天冷的时候保温性较差，因此需要提前温杯。
- 塑胶：便宜轻巧，易于控制温度。不容易破裂。

[形状]

- 梯形：热水滤出慢，能够彻底萃取咖啡成分。
- 锥形：热水滤出快，萃取液清爽。
- 波浪形：与滤纸的接触面小，热水滤出速度恰到好处。

根据喜好选择一个法式压滤壶

法式压滤壶在欧洲很受欢迎。看着咖啡粉在透明的玻璃容器中溶解，热水逐渐变成咖啡色，简直是一种享受。

设计虽然是多样的，但工作原理是相同的。

因此根据冲泡咖啡的分量选择最合适的型号即可。基本上，只要是你喜欢的颜色和喜欢的设计就 OK。

法式压滤壶是一种典型的浸渍法器具。它由一个圆柱形的玻璃容器和一个分离热水和咖啡粉的柱塞（金属过滤器）组成。使用起来很简单：只需加入咖啡粉，倒入热水，在规定时间过后将过滤器推入。

法式压滤壶的优点是它能够控制热水和咖啡粉的接触时间。这是滤纸滴滤法和其他渗透法所不擅长的，也是使用法式压滤壶特有的乐趣。

具体来说，如果想要更清淡的味道，那么可以通过减少咖啡粉或使用更粗的咖啡粉来实现。相反，如果想要更浓郁的味道，则可以增加咖啡粉的量或者把豆子磨得更细。

POINT

无论想冲泡相同的味道还是不同的味道，都能控制的方法。

相反，如果咖啡豆的烘焙、研磨、热水温度和等待时间相同，在任何时候都可以产生相同的味道。

丹麦公司 Bodum 是一家著名的法式压滤壶制造商，1944 年开始从事批发业务，1958 年开始开发自己的原创产品。在日本，精品咖啡的先驱生产商丸山咖啡采用了该公司的产品，给它们在日本的流行添了一把火。Bodum 的许多产品都很简单，是典型的斯堪的纳维亚风格的设计，为厨房增添亮色。它们有各种各样的尺寸和颜色，但从结构上来说都只是为了将咖啡粉“浸入”热水中，所以根据设计来选择就行。经典之作是以法国古城堡命名的“香波尔”。设计优雅、简洁。以咖啡种植区命名的系列也是一个不错的选择，例如“巴西”。

咖啡用具的配角

之前我们是从零开始介绍专门的咖啡用具，接下来不如缩小范围，确定真正的必需品。有意思的咖啡用具太多了，但像秤和滤纸这样的小东西，虽不起眼却不容忽视。

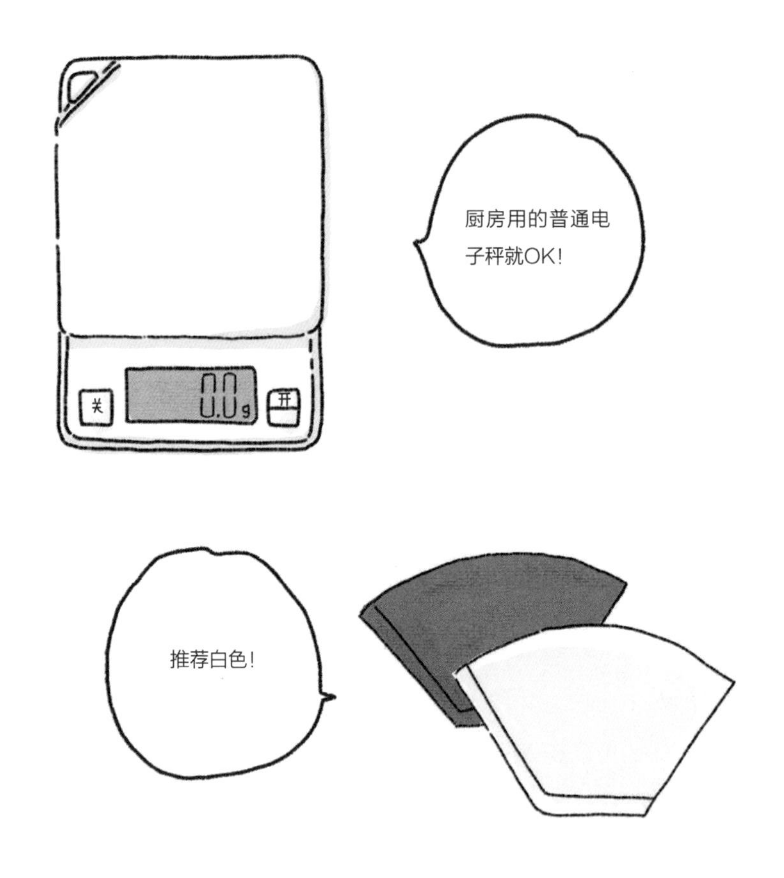

滤纸可得囤好了，因为如果想喝咖啡的时候没有滤纸，那可是非常扫兴的。

就像烹饪一样，只要能够准确测量分量并且遵循食谱，就足以让你成为大师。

经验越少，就越有可能忽视规定的分量或省略必要的步骤。当你还缺乏技能的时候，加入自己的风格就是一个坏主意，可千万不要自以为是地认为“如果我这样做，味道会更好”。

如果感觉自己冲泡的咖啡味道不好，那就回到最基本也最正确的方法上。关键是要权衡分量。买一个电子秤吧，普通的电子秤最小显示为 1 克，最大称量为 1 公斤，这种就足够了。

POINT

重视那些容易被忽略的工具，
你的家庭手冲咖啡将令人刮目相看。

如果特别在乎用具的专业性，也可以使用咖啡专用秤，可以在一台机器上测量重量和萃取时间。追求极致的人可以考虑。

还有滤纸，趁此机会也重新考虑一下吧。

你现在用的是什么颜色的滤纸？

滤纸有漂白的（白色）和未漂白的（棕色）两种类型。建议使用漂白的类型，因为这种纸张气味较小。如果你觉得白色滤纸依然有气味，那么可以在加入咖啡粉之前用热水过一遍滤纸。

如前所述，咖啡用具各种各样，有的外观漂亮，有的方便好用。如果你要使用一件新的用具，或者要采用新的配方，当改变诸如此类的因素时，切记只改变其中的一个因素。其他因素则应保持不变，因为只有这样才能验证新的因素是如何改变咖啡的冲泡方法和味道的，直至掌握新的方式。

漫画 你可能并不需要磨豆机

会磨豆子的我
帅气的我……
老实说，我还以为它只是增加氛围感的东西。
原来磨豆机那么重要啊……
含笑九泉……
豆子
我、我的高级豆……
你说的没错。
是的
一般般
如果磨豆机一般般，是不是意味着我就一直只能喝一般般的咖啡了？
豆子也一般般
我也一般般
精通咖啡豆的店员
什么都可以问。
好
啥都不懂……
请放心，交给我们吧！
但是这个问题很好解决哟！
去拜托购买豆子的店家帮忙研磨吧！
比如：绒布手冲用的咖啡豆应该这样研磨——
以专业的视角判断如何冲泡，以此为前提研磨咖啡豆。
原来还可以这样！

磨豆机也有各式各样的
咖啡豆最好在喝咖啡前研磨。
但那也是在有高性能的磨豆机的前提下。
电动磨豆机
手摇磨豆机
我怎么选呢……
给我的吗？
自己的生活习惯呀，性格呀，都要考虑。
选择合适的才是最好的。
确实，电动的更适合你呢。
但是磨豆机的种类真的非常多！
特别憧憬手摇的磨豆机……
要迟到了！
但其实电动的最合适……

第三课 好工具配好方法！了解咖啡工具

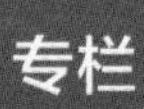

井崎咖啡师的 freetalk ④

罐装咖啡？宝特瓶装咖啡？

便利店咖啡的影响力与日俱增，而罐装咖啡市场占有率则持平。

究其原因，可能是过去的罐装咖啡更多是作为香烟伴侣而存在的，但现在这种需求已经降低了。相反，具有高度便携性的宝特瓶装咖啡的存在感不断增强。

首先，三得利推出的 CRAFT BOSS 宝特瓶装咖啡改变了市场。它不像罐装咖啡那样打开后必须一次喝完，而是可以“随时随地，想喝就喝”，甚至形成了一种“随心饮”的文化。

因此这款咖啡的味道非常清淡，浓度不高，入口适宜，长时间放置后也不会变味，这是其配方的高明之处。罐装咖啡的缺点是“不便于携带，必须一次喝完”，而宝特瓶装咖啡完美地弥补了这一点。

伴随着宝特瓶装咖啡的流行，“猿田彦咖啡”和“丸山咖啡”这样的著名品牌也开始加入了生产。猿田彦曾经与可口可乐合作过 GEORGIA 罐装咖啡，他的产品设计向来非常巧妙，所推出的宝特瓶装咖啡，其香气和味道与咖啡馆里的冰咖啡一样令人满意。

宝特瓶的设计也很值得注意。有一种形状被称为“短瓶”，瓶口略宽。这种形状可以使香味更好地上升。

此类优秀的咖啡品牌推出市售品的动向其实发源于美国。

美国有一个名叫“树墩城”的著名咖啡和烘焙零售店（Stumptown Coffee Roasters）。它是引领美国咖啡潮流的“三大家族”之一。正是这家树墩城首先将冷泡咖啡制成罐头销售。这款产品疯狂热销，随后其他制造商的各种产品也相继问世。

美国咖啡的演变是巨大的。比如，美国是世界上第一个推出用植物奶制作特调咖啡饮品的国家，加入夏威夷果奶和椰奶的拿铁特别受欢迎。大量独特的市售品登场，激发了人们购买和享受高品质咖啡的行为。

曾几何时，像瓶装咖啡这样的市售品被认为是“廉价的”或者是“劣质的”，但如今，随着技术和销售手段的创新，越来越多的产品在质量上与真正的咖啡一样好。当然，很大程度上是因为这种进化终究是为了应对人们生活方式的变化。

第四课

邂逅命中注定的味道：挑选咖啡豆的方法

喜欢苦味还是酸味

为了能与最棒的咖啡豆相遇，了解自己的口味偏好是很关键的。在你的日常饮食中，你更喜欢偏酸的味道还是有点苦涩的味道？

你的味觉偏好是什么？

偏苦的口味	偏酸的口味
喜欢有浓郁啤酒花苦味的啤酒	喜欢天然葡萄酒
喜欢苦味巧克力	喜欢牛奶巧克力
喜欢鱼肉焦焦的味道	喜欢发酵的食物

只要每天早上能喝到美味的咖啡，就超级幸福了。为了实现这个目标，我们要做的第一步是了解自己的口味偏好。

虽然人类已经对生豆和经过煎焙的咖啡豆的香气进行了研究，但是关于煎焙后会形成哪些成分，仍然未知全貌。不过可以肯定的是，有一种复杂而精确的化学机制在起作用，产生独特的香气。

烘焙过的咖啡豆具有复杂的味道，有被描述为水果味、花香味的，也有被描述为坚果味、辛辣味的。不过，要想能够用“水果味”或“花香味”这些词语准确描述实际的咖啡风味，必须经过特殊的训练。

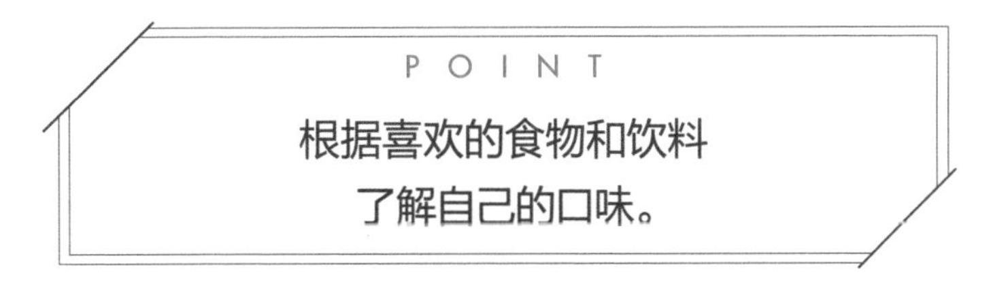
POINT

根据喜欢的食物和饮料
了解自己的口味。

首先，只要简单地在“苦”和“酸”两个指标之间选择就好，这是我们判断自己咖啡口味的基本方向。

这意味着得从了解自己的口味偏好开始。苦的和酸的，你喜欢哪种？

如果你平时喜欢偏苦的巧克力，喜欢带有浓郁啤酒花苦味的啤酒，那么可以想象你会喜欢苦味较强的咖啡。

如果你喜欢发酵食品和天然葡萄酒，那么你更有可能觉得具有特色酸味的咖啡很好喝。

尤其苦味是一种人类会将其与毒性等联系在一起的味道。过去的饮食经验以及是否已经形成对苦味的耐受性，决定了不同人口味偏好的不同。

偏好苦味的人如何挑选咖啡豆

如果你喜欢苦味，可以试试店里最苦的豆子。如果觉得它是最美味的，那恭喜你已经找到了目标；如果觉得太苦，就试试店里第二苦的豆子；如果觉得还不够苦，那就换家店。通过这样的方式，总能找到合口味的咖啡豆！

如何享受苦味较强烈的咖啡

- ☑ 搭配黑巧克力一起享用
- ☑ 搭配奶油甜品一起享用
- ☑ 作为丰盛大餐后解腻的饮品
- ☑ 搭配牛奶一起享用

接下来，让我们来模拟如何去商店挑选豆子。首先是如何为喜欢苦味的人挑选咖啡豆。可以去超市，也可以去咖啡豆专卖店。

到了店里，要问店员找“最苦的咖啡豆”。如果没法询问店员，可以选择包装上标有“深度烘焙”的。如果店家提供烘焙服务，你可以要求尽量加深烘焙度。

接下来，将你买的豆子或咖啡粉制作成咖啡饮用，如果味道最好，那你的目标就达到了。

如果觉得“太苦”，那么就去同一家商店，买第二苦的咖啡豆来试试。

POINT

再喜欢苦的东西也有限度。
先找出自己喜欢多苦的味道。

如果觉得“还不够苦”，那就意味着这家店没有你要的豆子了，换一家店吧，去新店寻找更苦的咖啡豆。

通过这种方式，我们可以确认自己对苦味的容忍度。这也是为了掌握这家店的咖啡豆有哪些种类和口味，选择合适的店铺也是寻找命运之豆的一个重要因素。

在这个寻找的过程中，你可能会发现，比如，深度烘焙的瑰夏咖啡豆特别美味，或者你喜欢深度烘焙的哥伦比亚咖啡豆。

就这样，你会接触到各种品牌的苦味豆子，最终找到注定适合你的味蕾和感觉的那一种。

另一方面，在这个过程中你也会对苦味以外的因素有更好的了解，例如咖啡豆的味道因品种而异，也会因为生产和加工方式而不同。

偏好酸味的人如何挑选咖啡豆

如果你喜欢酸味，可能会喜欢浅焙的咖啡豆。去店里找最酸的咖啡豆，如果觉得美味，那就达标了。如果觉得太酸，就换成第二酸的；如果觉得不够酸，就换商店吧！

如何享受酸味较强烈的咖啡

- ☑ 加入蜂蜜，享受香气
- ☑ 搭配水果制作的甜点一起享用
- ☑ 早上起床时喝上一杯

咖啡有不同的等级，目前“精品咖啡”被认为是品质最高的咖啡。虽然没有明确的标准或认证，但可以把“精品咖啡”理解为“从种植到冲泡都有严格质量控制的、具有独特风味和味道的咖啡”。

在对“精品咖啡”趋之若鹜的潮流下，人们开始关注咖啡的酸味。过去，人们总是对咖啡的酸度抱有负面印象，将其与“氧化”联系在一起。然而，咖啡其实由咖啡树的果实制成的，这种令人愉悦的酸味是成熟的咖啡果实经过采摘、加工、烘烤和萃取之后产生的。

日常喜欢酸味食物和饮料的人可能会发现酸味较强烈的咖啡豆很合口味。

挑选咖啡豆的步骤如下：

❶ 尝试店里最酸（浅焙）的咖啡豆。

❷ 如果觉得不够酸，换一家店。

❸ 如果觉得太酸，可以回到上一家店❶，试试那里第二酸的咖啡豆。

寻找新店和咖啡豆，让你的生活变得更加充实。现在，越来越多的咖啡馆开始提供网上购物的服务。如果你找到一家感兴趣的店铺，建议尝试“试喝套装”或“比较套装”，即少量的多种咖啡豆的组合。此外日本各地的咖啡店都有集中的展会活动，可以通过在会场进行试喝和比较来找自己喜欢的店家。当然也有很多线上的活动。

咖啡的味道是这样形成的

了解咖啡苦味和酸味的真面目

咖啡的味道是由什么构成的?

许多人都有这样的印象：咖啡的苦味是咖啡因造成的。确实，咖啡因具有苦味，但这不是唯一的原因。没有咖啡因的咖啡也有苦涩的味道。构成苦味的成分是各种各样的。

目前的科学研究显示，咖啡的苦味是由**绿原酸**等物质产生的褐色色素造成的。

那么酸味呢？虽然烘焙前的生咖啡豆含有与酸味有关的成分，如**柠檬酸**，但这些并不是咖啡酸味的来源。咖啡酸味的真面目是经过烘焙而产生的**奎宁酸**等新的酸味物质。

绿原酸

在咖啡果实中发现的一种苦味物质。也存在于牛蒡等植物中。

柠檬酸

柑橘类水果也含有这种物质，具有清爽的酸味。

奎宁酸

一种存在于金鸡纳树（一种茜草科常绿乔木）树皮中的物质，有淡淡的酸味。

烘焙的进展程度和酸味之间有什么关系？

咖啡的苦味和酸度因咖啡的品种、质量和烘焙方法而异。

烘焙后不久就会出现酸味，但随着烘焙的进一步进行，酸味会减少，并且出现苦味。换句话说，烘焙得越浅，酸味越强；烘焙得越深，酸味越弱。但酸味也会因咖啡豆的品种和质量而有所不同。

如果你喜欢清爽的酸味咖啡，就选择浅度烘焙；如果你喜欢比较苦的咖啡，就选择深度烘焙。这样的选择一般错不了。

好的酸味和因氧化产生的酸味之间有什么区别？

最近比较流行酸味系的咖啡。但另一方面，“酸味 = 氧化”的刻板印象也是存在的。事实上，烘焙后的咖啡豆每一次与氧气接触，品质都会下降。这可能导致不理想的酸味。喝起来让人觉得舒适的酸味才是好的酸味。

好的酸味

对于咖啡来说，好的酸味一般会被描述为橙子或者柠檬的那种酸味。

首先要确认烘焙的程度

自己挑选咖啡豆

现在，去买你喜欢的咖啡豆吧。

如果在生活范围内有售卖咖啡豆的咖啡馆或者自家烘焙的咖啡店，那就太好了。不过超市也足够了。现在网上购物也很方便。

确认烘焙的程度，然后确认原产国

店铺售卖的咖啡豆包装上，首先要看的是**烘焙程度**。包括深度烘焙、中度烘焙、浅度烘焙等信息。

一个粗略的判断方法是，深焙是苦的，浅焙是酸的，中焙介于两者之间。

购买咖啡的时候，你可以参考自己日常的口味偏好，比如平常都喝很苦的啤酒，那么比较苦的咖啡豆应该也会合口味。

烘焙程度

烘焙的程度通常按由浅到深的顺序分为八个等级：❶浅度烘焙，❷肉桂烘焙，❸中度烘焙，❹中度微深烘焙，❺城市烘焙，❻深城市烘焙，❼法式烘焙，❽意式烘焙。❶❷属于浅焙、❸❹属于中焙、❺❻属于深焙。但其实并没有固定的规则，每家店的标准都不同。

确认完烘焙程度，接下来要确认原产国。即使是在超市出售的并不昂贵的普通咖啡，包装上也肯定会标明原产国。

常见的原产国有巴西、哥伦比亚和埃塞俄比亚。在“通过卡通角色认识咖啡：咖啡豆图鉴”这一部分中，我们已经介绍了一些大家比较熟悉的咖啡生产国和它们的风味特点。出门去买咖啡之前可以预习一下哦，挑选咖啡豆的时候如果想起来曾在本书中读到过，按照书中记述的特点选择合口味的豆子，一定会给这个过程增加趣味。

店里的应季咖啡

正如我们在这里介绍的，选择咖啡豆其实是讲缘分的。如果能够找到和自己想象中味道一模一样的豆子，那真是天大的喜事，但偶然的邂逅也很美妙。

因为咖啡豆是农产品。除了产量上有大年小年之说，还有**应季和收获期**的因素。

应季和收获期

各个生产国的收获期不尽相同。比如在中美洲就是夏季到秋季，当然这也取决于库存情况和进口方式。

咖啡专卖店里摆放的咖啡豆不会总是相同的，在一年中的不同时期都会有变化。

例如，对于来自中美洲的咖啡豆，比如哥斯达黎加，12 月左右开始收获，经过脱粒等加工过程后出口，一般要到入秋才开始在日本的咖啡店出售。

这就是所谓的“应季咖啡”。

只要看一看店里“新发售”的咖啡的原产国或者品牌，就可以知道咖啡的“时令”，很有意思。

这意味着，即使你认为“这种豆子是最好的”，但当今年的库存用完时，你就买不到了。因此，如果你还没有一个特别喜欢的咖啡生产国或咖啡品牌，那么就可以按照店家进货的顺序，去你常去的商店里喝新上架的咖啡，这也很有趣。在这个过程中，你可能会找到自己口味的偏好，或许你会发现中美洲（如哥斯达黎加或哥伦比亚）的豆子就很适合你的口味呢。

以加工处理的方法作为线索挑选咖啡

假设你决定到店里去买埃塞俄比亚咖啡豆，而店里有好几种埃塞俄比亚豆，那么下一步要看的信息就是咖啡豆**加工处理**的方法。咖啡豆有不同的加工方法，比如“**水洗法**”和“**自然法**”。这可以给你提供线索，让你知道在味道方面应该寻找什么。什么也不懂也没关系，只要买些豆子尝尝，然后你就会明白了。比如，自认为味道不错的咖啡豆包装上往往写着自然法加工。

加工处理

从果实（咖啡樱桃）中取出种子，并通过干燥、脱粒和其他工序将其加工成生豆的过程，也叫生产过程。

水洗法

将收获的咖啡果实在水中浸泡后再进行加工处理的方法。

自然法

将收获的咖啡果实晒干后再进行加工处理的方法。

自然法和水洗法处理的咖啡豆味道完全不同！

咖啡豆的加工处理也是决定其味道的关键因素

两种主要的加工处理方法

除了原产国、烘焙等因素外，生产过程也会影响咖啡的味道。也就是从咖啡果实中取出种子、去皮并加工成**生豆**的过程。

不同的加工方法给咖啡带来了不同的味道。

有两个典型方法是：

- 自然法（日晒干燥）
- 水洗法（水洗处理）

自然法是一种在果肉和其他部分仍然附着的情况下晒干咖啡果实（咖啡樱桃）的方法。水资源短缺的地区通常采用这种方法。

水洗法则是把咖啡果实放在水槽中使之进行发酵，然后去除果肉等部分，再进行干燥。由于需要大量的水，缺水的地区一般不会采用这种方法。

生豆

经过生产加工后得到的咖啡豆未经烘焙，还不能制成咖啡饮用。

还有一种结合了水洗法和自然法的方法叫作“**果肉自然干燥法**（Pulped Natural）”。除此之外，不同的国家和地区还有各种不同的方法和名称，没有统一的标准。

通过了解加工处理的方法，想象咖啡的味道

每个国家都有自己主流的加工方法，比如巴西通常采用自然法。咖啡的**风味**与之息息相关。虽然没有必要死记硬背，但最好了解一下你最喜欢的咖啡是采用哪种加工方法。巴西采用自然法比较多，肯尼亚和萨尔瓦多采用水洗法比较多，而埃塞俄比亚则两者皆有。

自然法加工的咖啡豆香气更加浓厚，水洗法加工的则更加清爽。

果肉自然干燥法（Pulped Natural）

用机器将果肉去除，但保留种子周围的黏性物质，再进行干燥的一种技术。哥斯达黎加的“蜜处理”法就属于这种类型。

风味

食物入口后，人对其香气或味道产生的整体感觉。带来这种效果的物质也被称为风味物质。

味觉探索：茉莉花，桃子？

学习如何用语言描述咖啡多样的风味

在你喜欢的咖啡专卖店里，你可能看到过店家对咖啡香气的描述，如“类似茉莉花的香气”或“让人联想到桃子的味道”。

当然，实际上咖啡中并没有添加果汁或香料。这只是意味着咖啡豆的烘焙程度和酸度让人联想到这些气味或味道。

对咖啡味道的语言描述各式各样，比如“**果香味**”或“**花香味**”。但咖啡的交易是跨越国界的，因此，如果说某种咖啡有“像桃子一样的香气”，那么由于各国桃子品种不同，甜度也不同，这样的描述就无法达到准确。很难用绝对的术语来描述咖啡的味道，因为它很容易受到文化和饮食习惯的影响。

出于这个原因，人们发明了“风味轮”，用一个像轮子一样的图表来显示咖啡的风味，从而帮助世界各地的人们分享共同的理解。

果香味

用来形容新鲜清爽的酸味，浅焙的咖啡豆容易让人有这种感觉。

花香味

据说咖啡花闻起来像茉莉花，一些咖啡豆也会散发出花朵般的香气。不过在烘焙过程中，这种香气容易蒸发，因此浅焙咖啡豆更容易保有这种香味。

比较有名的是由美国精品咖啡协会和世界咖啡研究会联合制作的“**风味轮**”。虽然是全英文的，但在网上很容易就能找到。网上也有很多日本咖啡爱好者的评论文章值得一读，可以增长我们的见识。

橡胶和石油的气味？

提高对味道的语言描述能力。

不过，没有必要把这种能力想得过于复杂。你只要学会形容的范围，比如，你甚至可以用橡胶和石油的气味来描述；或者你只要会和别人就同一杯咖啡讨论味道，比如在“像桃子”还是“像威士忌”中与他人交换意见，就能帮助你取得很好的学习效果。

但以下这些知识，如果能记住会很有用哦。

- 果香：浆果、葡萄干、桃子、橙子等
- 花香：茉莉花、玫瑰、甘菊等
- 坚果类：杏仁、榛子、花生
- 可可类：巧克力、黑巧克力
- 香料类：丁香、肉桂、肉豆蔻、茴香等

风味轮

描述香气和味道的圆形图表，其中相近的香气和味道被安排在互相临近的位置。葡萄酒和威士忌也有这样的图表。

橡胶和石油的气味

对于不良气味的语言描述，比如橡胶、石油、木材、霉菌和潮气等。

想象综合豆的味道

在咖啡馆和咖啡专卖店经常能看到“综合”这个词。综合咖啡通常都是由几种不同的咖啡豆混合而成的。我们要学会看到综合豆就能想象出它们的味道。

根据包装想象一下咖啡豆的味道，然后冲泡确认。反复这样做，能够培养我们品鉴咖啡的能力。猜错了也不要紧，这些豆子可以再利用，比如和别的咖啡豆混合制作综合咖啡。

要是能看到包装就知道里面的味道就好了……

比如这一款“精品综合咖啡（巴西·埃塞俄比亚）”。巴西咖啡豆是典型的综合咖啡基准豆，因为其味道和香气并不张扬，而排在第二位的咖啡豆（本例中为埃塞俄比亚咖啡豆）往往决定了综合咖啡的风味。

大多数咖啡豆都是以几种类型混合在一起的状态出售的。这意味着市场上有许多不同的综合豆。但这么多不同的类型，让人难以选择。以下就是一些能够帮助你选择的知识点。

- 如果“XX 综合豆”中的 XX 已经标明了某种咖啡豆的产地、品种或品牌，那么这种豆子在其中的占比至少有 30%。
- 在综合咖啡中，一般基准豆（名字里排在前面的咖啡豆）的性格比较明显，所以选择最容易入口的巴西豆比较好。
- 深度烘焙的咖啡豆较苦，浅烘焙的咖啡豆较酸。中度烘焙则介于两者之间。

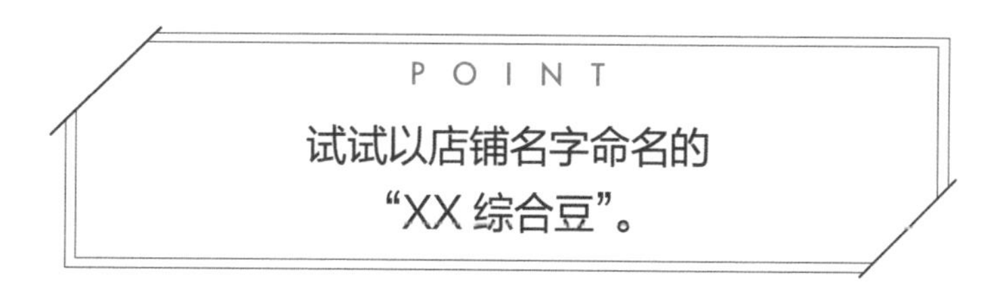

例如，如果包装上写着“巴西·埃塞俄比亚”，那么就意味着这包综合咖啡的基准豆是巴西豆，同时充满埃塞俄比亚豆的香气和风味。

即使广告上写着“口感醇厚，酸味浓郁”这样的话，也只能作为一种参考。先喝过，然后尝试不同的品牌，用自己的感受来比较和学习。

首先，印有咖啡店名字的综合豆是这家店的“脸面”，可以作为一个很好的开始。

检查烘焙日期也是至关重要的。如果打算在室温下存储咖啡，那么最佳饮用时间是在烘焙后两周内。如果烘焙后已经过了较长的时间，那么品质就会变差，不建议再饮用了。

尝尝印有店名的“原味综合（Original Blend）”咖啡豆会让你直观感受到“这家店的味道”。

每次喝咖啡，都会离“自己的口味”更进一步

记住喜欢的咖啡豆的特点

如第 27 页所述，咖啡豆通常以混合的形式出售。在这种情况下，一般会按照所含分量大小的顺序，在包装上标明原产国。

挑选咖啡豆的方法很多。由于咖啡是一种嗜好品，没有绝对正确的挑选方法，但有一个容易理解的依据就是“原产国”，可以代表自己的偏好。

通过与咖啡店的工作人员交谈或在网上收集信息，利用自己的判断力选择和尝试来自不同国家的各种综合咖啡。长此以往，你会开始对自己的喜好有一个概念，即使还比较模糊，比如到底喜欢**巴西豆**为主的还是**埃塞俄比亚豆**为主的。

巴西豆为主的综合豆

巴西豆是综合豆的经典基准豆。许多巴西豆为主的综合咖啡都入口温和，酸度较低。

埃塞俄比亚豆为主的综合豆

埃塞俄比亚咖啡豆的特点突出，可以想象它包含了优雅的香气和酸味。

有了这种事先的准备，即使店里的咖啡种类多得令人眼花缭乱，你也能做出一个好的选择。

不过，一开始最好不要把自己的喜好限定在某个种类上，范围可以模糊一点，多喝种类不同的咖啡，增加经验才是最重要的。

如果你想了解更深入的咖啡知识，比如生产加工的过程或者生产国的种植条件，那么可以去更专业的咖啡店。

另一种方法是根据自己的**饮食偏好**进行选择。这种思路也不错，比如，如果喜欢苦啤酒，那就大概率也会喜欢深度烘焙的苦咖啡，然后挑选深度烘焙的咖啡就行了。

当然，到了咖啡店还要做进一步的选择，同样是深度烘焙的咖啡，你喜欢哪种特色的呢？可以试着从酸味不强、容易饮用的入手，比如巴西咖啡。

饮食偏好

醋和梅干之类的酸味食物，以及黑巧克力和啤酒之类的苦味食物，一开始很难让人吃得惯，但往往吃过几次后就能尝出美味来，这是通过大脑的反复学习实现的。如果味觉通过饮食经验得到锻炼，对咖啡的喜好也可能会随之改变。

咖啡的味道因水而异

对于是否能够发挥咖啡豆的全部味道来说，水的选择至关重要。在日本，你可以使用自来水，当然这很方便。下面介绍一些冲泡要点，比如在冲泡之前使用净水器净化一下自来水。

咖啡液主要由水组成，水质自然会影响到咖啡的味道。如果使用自来水，最好用净水器进行过滤。

咖啡是一种将咖啡豆中的成分转移到水中的饮料，所以其本身几乎就是水。因此，使用什么样的水冲泡咖啡，对咖啡的味道有极大影响。

水质的指标包括“硬度”（钙和镁含量的数值化）和“PH 值”（氢离子浓度指数，表示物质的酸度）。

初学者用自来水是没有问题的，不用考虑太多。

不过建议在使用自来水之前先用净水器过滤一下。另外，在冲泡前建议将水煮沸较长时间，这对去除漂白粉的味道是很有效果的。

如果你想泡出更好喝的咖啡，或者你想比较不同的水冲泡咖啡会产生什么样的味道变化，那就可以考虑用矿泉水。

POINT

自来水要用净水器过滤哦！
也可以考虑用矿泉水。

与世界其他国家相比，日本的自来水与咖啡是非常匹配的，但由于日本国内土地和季节的不同，其成分也会有细微的差异，此外还可能含有氯或来自水管的铁锈。而矿泉水的优点是水质始终是稳定的，味道比自来水更清澈。

选择矿泉水的关键是硬度，它表示钙和镁的含量。这个数值一般在矿泉水瓶的标签上都有注明。

硬度在 30 和 100 之间的水被认为是冲泡咖啡的理想用水。高于这个数值太多的水就不适合冲泡咖啡了。

咖啡豆最好冷冻储存

咖啡在室温下大约两周后就会失去新鲜度，因此在家中注意储存方法很重要。科学研究表明，“冷冻”是储存咖啡豆的最佳方式。

如果储存在密闭和避光的袋子里，并真空冷冻，理论上可以半永久性地储存咖啡。没有专门的储存空间，可以把它们存放在冰箱里。

购买的咖啡如果在家里室温下储存，大约两周后就会失去新鲜度。和蔬菜水果一样，咖啡也需要以适当的方式储存。

关于如何储存咖啡，有很多说法，例如“将整袋咖啡放进罐子，再放进冰箱”或者“转移到茶叶罐里”。最近，科学研究得出的结论是：最好把咖啡豆储存在冰箱的冷冻室里。

当需要把咖啡豆从冰箱里拿出来制作咖啡时，甚至不需要解冻。咖啡豆可以在冷冻状态下进行研磨。世界咖啡师锦标赛的一些参赛者就会使用冷冻咖啡豆。

POINT

咖啡是一种农产品，
所以把它当作蔬菜来对待吧。

但是家用冰箱的冷冻室里有各种各样的食品。这就产生了一个严重的问题：容易沾染其他食物的气味。这可以通过将咖啡放在密闭的存储容器或真空包装中来解决。如果销售时的包装内侧有铝箔层，也有自封条，那完全可以加以利用。真空状态下咖啡质量劣化的速度就会减慢。

在冷冻室中，不仅是咖啡豆本身会被冷冻起来，冷冻室内的水分也会变成细冰附着在咖啡豆上。所以如果密封不好，很可能会不知不觉间就被厚厚的结霜吓一跳。因此，重要的是防止外面的空气跑进装咖啡的容器中。

但是如果你买的是咖啡粉，那么你就得和时间赛跑了，在一周内喝完吧。

咖啡和恋爱一样，有时需要冒险？！

享受命运之豆以外的咖啡豆

冲泡咖啡最终极的目的可能不在于喝咖啡，而在于通过精心冲泡的行为来获得心灵的平静，这是一种类似于“**正念**”的行为。

越来越多的人想了解更多关于咖啡的知识，比如咖啡的生产国、如何冲泡咖啡、如何提高手冲技能等。但我相信很多人之所以不断探索咖啡的味道，其实是因为他们把咖啡作为“精致生活”的象征。

有研究报告称，受新冠疫情的影响，“咖啡因的摄入量与上年度相比增加了 120%”。这一趋势可能证明了在这个信息过载的时代人们需要心灵的平静。

如果你能找到符合自己口味和感觉的咖啡，那么你的生活质量（**QOL**）将飞速提升。假设你无意间在网上买到了自己特别喜欢的咖啡豆，每次冲泡咖啡时都能品尝到这美味，生活何其幸福！

正念

一种心灵状态。在这种状态下，人们有意识地专注于当下的思想、行动和身体反应。

QOL

Quality of Life（生活的质量）的缩写。这个概念包括精神上的充实感，如生活的目的感和幸福感。

简单来说，咖啡可以随心所欲

挑选咖啡豆需要很长时间才能确定某种豆子是最好的。这就是为什么许多人在这个过程中半途而废。尽管如此，只要你耐心寻找，就一定会找到你的“梦中情豆”。

即使你已经找到了梦想中的咖啡豆，仍然需要不时地进行冒险。不要像恋爱一样只追逐你喜欢的类型，有时也要去尝试不同的类型，这对你的味蕾来说也是一种有意思的冒险。也许你喜欢苦咖啡，但当你尝试过酸咖啡后也喜欢上了，此后，酸咖啡就成了你的心头好——这是多么美好的结局。相反的，也许你最终意识到某种咖啡对自己来说就是唯一的最爱，这也是一桩美事。

如果隔壁的草看起来更绿，那就得去那里看看才知道是不是真有那么绿呀。

恋爱中的冒险是惊心动魄的，但在挑选咖啡豆时却没有任何风险！

挑选咖啡豆

咖啡店所经营的产品或品牌的周转率高的话，它更有可能是一家好店！

速溶咖啡也有精品咖啡的品质

受新冠疫情的影响，速溶咖啡变得非常畅销。虽然也有越来越多的人追求做更加地道的手冲咖啡，他们会买咖啡豆亲自在家里研磨，精心冲泡，但速溶咖啡已经成为家庭咖啡中的主流。对于那些喜欢喝咖啡但不想太麻烦的人来说，速溶咖啡是很好的伙伴。

这并不意味着这些人很懒。就像泡茶一样，有些人把茶叶放进茶壶来泡，也有很多人用茶包来泡。速溶咖啡和用茶包泡茶没有太大区别。

要是不管谁来泡都能泡出好咖啡，那就太好了。其实只要遵循包装上的说明内容，也不是很难。最关键的是要使用规定的热水量。

大家经常会听到一些所谓的“隐藏配方”吧，比如“在咖喱中加入一点什么”或 “在大麦茶中加入少量什么”，会变得更美味。我就经常在制作甜点的时候加入速溶咖啡。

比如，经典的意大利甜点阿芙佳朵（Affogato）。首先，将一杯量的速溶咖啡溶于30毫升热水中，使其达到浓缩咖啡的浓度，然后倒在冰淇淋上就完成了。

我还经常做香蕉奶昔。我不太喜欢牛奶，所以会用燕麦奶或杏仁奶。将这些植物奶、冷冻香蕉和酸奶放入搅拌机，搅拌至光滑。接下来，我一般会加入普通的意式浓缩咖啡，但如果想在短时间内做好这道甜品，我就会加速溶咖啡。

再说，速溶咖啡现在也进步了，味道有了惊人的改善。速溶精品咖啡的诞生是咖啡界一件了不起的大事。只需将其溶解在热水中，你就能喝到具有精品咖啡品质的速溶咖啡。

速溶精品咖啡首先在美国火了起来，最近热度蔓延到了日本。名古屋的TRUNK COFFEE和INIC coffee非常出名。这些速溶产品是粉末状的，但在热水中溶解后，具有新鲜滴滤咖啡的香气和风味。在东京清澄白河地区掀起第三波咖啡浪潮的BlueBottle咖啡，也推出了具备精品咖啡品质的速溶咖啡。

第五课

享受丰富多彩的特调咖啡

漫画 让咖啡带你乐享自由与和平的世界

第五课　享受丰富多彩的特调咖啡

世界各国的特调咖啡

意大利是浓缩咖啡的故乡，意大利人每天在家里或在咖啡馆里都会喝好多次浓缩咖啡。请看意大利人精彩的咖啡生活。

把浓缩咖啡倒在香草冰淇淋上做成的阿芙佳朵（Affogato），是一种经典的意大利甜点。还可以淋上利口酒，更有成年人甜点的风味儿。

意大利是浓缩咖啡的故乡。即使在家里，意大利人也会用专门的“Macchinetta”（一种明火煮制浓缩咖啡的器具）来制作浓缩咖啡。连爱彼迎（Airbnb）上的意大利酒店也都有这种机器，几乎可以说，它是意大利人的家中必备品。

一个意大利人的早晨通常以可颂面包和卡布奇诺开始。然后，他们站在店里一边喝浓缩咖啡一边和咖啡师交谈。午餐后再去咖啡吧，迅速地喝一杯就走。晚餐也是以浓缩咖啡收尾。有些意大利人在酒后还会喝加了格拉巴酒（Grappa）的浓缩咖啡。

POINT

意大利人的生活少不了浓缩咖啡！

就像浓缩咖啡是意大利人的一种生活方式，每个国家都有自己独特的咖啡文化。

希腊是一个拥有热烈阳光的地中海国家。对希腊人来说，冰咖啡还不够凉快。所以他们把糖、浓缩咖啡和冰块一起放入搅拌机！一边眺望蔚蓝大海，一边啜饮弗雷多（Freddo）浓缩咖啡，岂不美哉。

亚洲的特调咖啡非常Freestyle，制作和饮用都充满乐趣。在韩国，流行特调咖啡，比如可爱的Dolgona咖啡。在热带的印度尼西亚，人们把咖啡与椰子糖浆、牛奶和奶油混合在一起，制作成Kopisusu（牛奶咖啡），加入冰块冰镇，这是印尼人夏季必喝的冷饮。加炼乳的越南咖啡也很有特色，十分香甜美味。

更多世界各地的特调咖啡

【材料】（每杯）

速溶咖啡 …适量

细砂糖 …适量

水 …适量

*按1:1:1的比例准备上述三种材料

牛奶 …适当的量

【制作方法】

❶ 将速溶咖啡、细砂糖和水混合，搅拌成蛋白霜。

❷ 将牛奶倒入玻璃杯中，然后将第①步制作的蛋白霜铺在牛奶表面。

希腊
弗雷多（Freddo）浓缩咖啡

【材料】（每杯）

浓缩咖啡 …双份

冰块 …2颗（搅拌时）

冰块 …2颗（做完咖啡后）

细砂糖 …适量（按个人口味）

【制作方法】

❶ 将浓缩咖啡和2颗冰块放入搅拌机搅拌。

❷ 再加入2颗冰块和细砂糖。

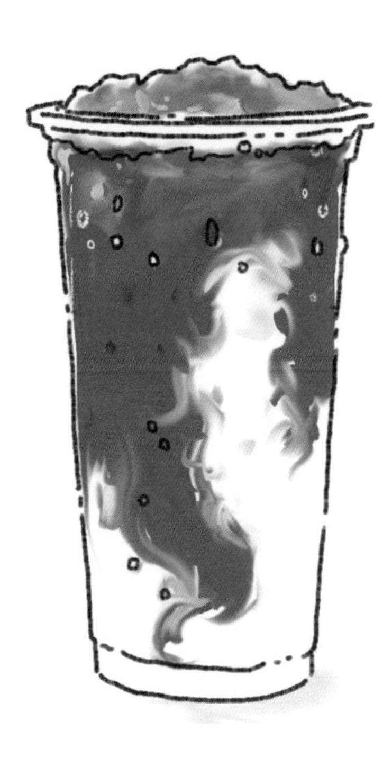

越南 酸奶咖啡

【材料】(每杯)

加糖的酸奶 … 90g

炼乳 … 30g

浓缩咖啡 … 单份

碎冰淇淋 … 150g

【制作方法】

❶ 将炼乳用微波炉加热 10 秒。

❷ 将所有材料混合在一起。

印度尼西亚 Kopisusu咖啡

【材料】(每杯)

浓缩咖啡 … 单份

椰子糖浆 … 20ml

牛奶 … 100ml

鲜奶油 … 25ml（按个人口味）

【制作方法】

❶ 将除奶油外的所有材料放入搅拌机搅拌。

❷ 按个人口味可在上面铺上鲜奶油。

享受添加甜味的咖啡

如果你以为只有黑咖啡才是最棒的咖啡，那就太可惜了。好的咖啡加入砂糖等甜味剂后会变得更有魅力。试着加入你喜欢的甜味剂吧，蜂蜜之类的都可以。

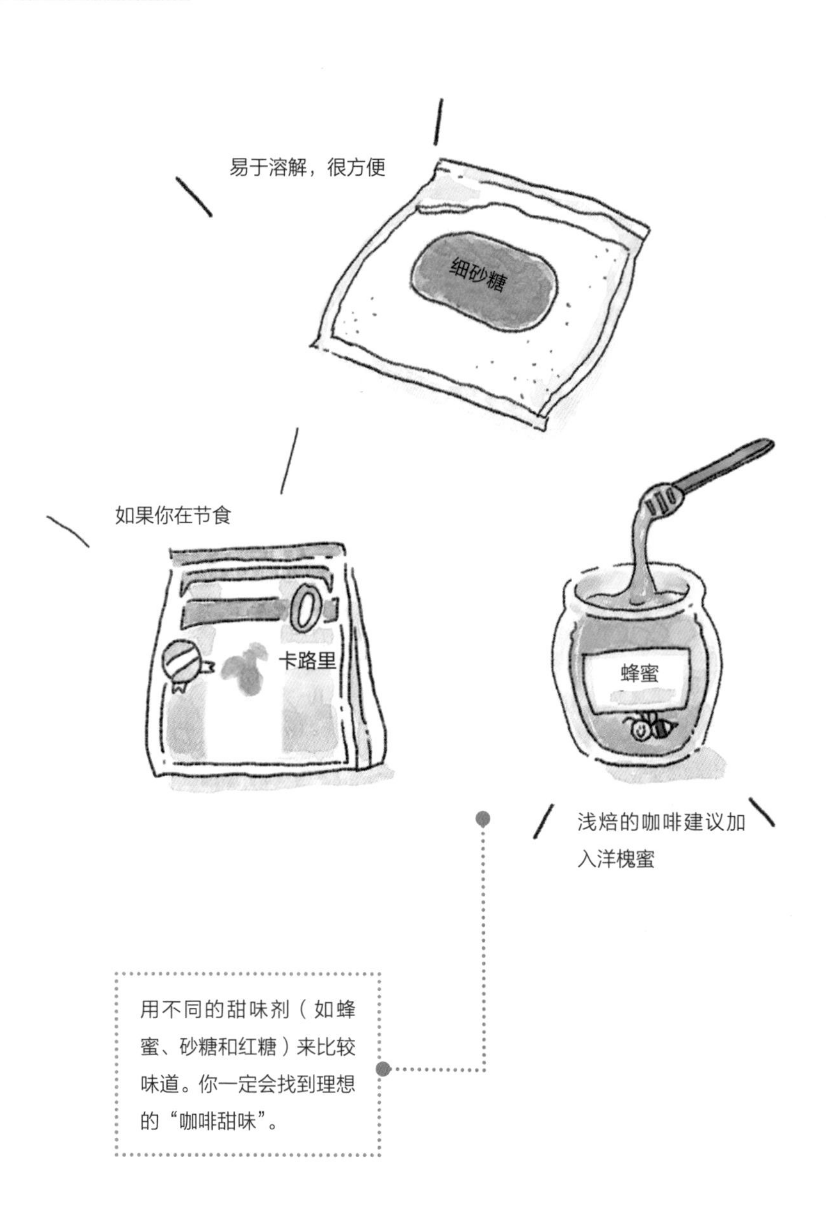

在你辛苦挑选和精心冲泡的咖啡中加糖？我完全支持！

这是因为好的咖啡加点糖，味道会更好。可以和黑咖啡比较一下，你会注意到一些不同，比如苦味或酸味会变少，口感也会变得较柔和。

请自由地选择自己喜欢的糖。

咖啡馆里经常能看到给客人准备的条装砂糖。这种糖是颗粒状的细砂糖，纯度高且易于溶解，是咖啡伴侣的理想选择。可以试试在浓缩咖啡里加入大量的细砂糖，然后把没溶解的当糖果一样尝尝。当然，细砂糖和滴滤咖啡也非常配。

POINT

喜欢什么就加什么，
喝咖啡本来就是随心所欲。

对于家庭咖啡来说，常用的上等白糖就足够了。

如果你正在节食或者控糖，那么可以使用一些代糖，比如热量为零的“赤藓糖醇”。不过这种糖味道有些特别，入口会有清凉感。还有一种由赤藓糖醇和名为“罗汉果糖”的植物提取物混合制成的代糖与咖啡也很配，这种也是零卡路里。

如果不用颗粒状的糖，也可以用蜂蜜。蜂蜜的种类很多，其中洋槐蜜比较好用。蜂蜜是从花蜜而来，有种酸味，因此与带有花香味的浅烘焙咖啡很相配。不同的花、不同的蜂蜜都会形成不同的味道和香气，不断的尝试和比较是很有趣的。

使用成分无调整的巴氏杀菌奶

牛奶的种类也很多。放进咖啡的牛奶，建议按照以下两个标准选择：成分无调整和巴氏杀菌。即便你只喝黑咖啡，我们也建议你偶尔试试加了牛奶以后的咖啡的温和口感。

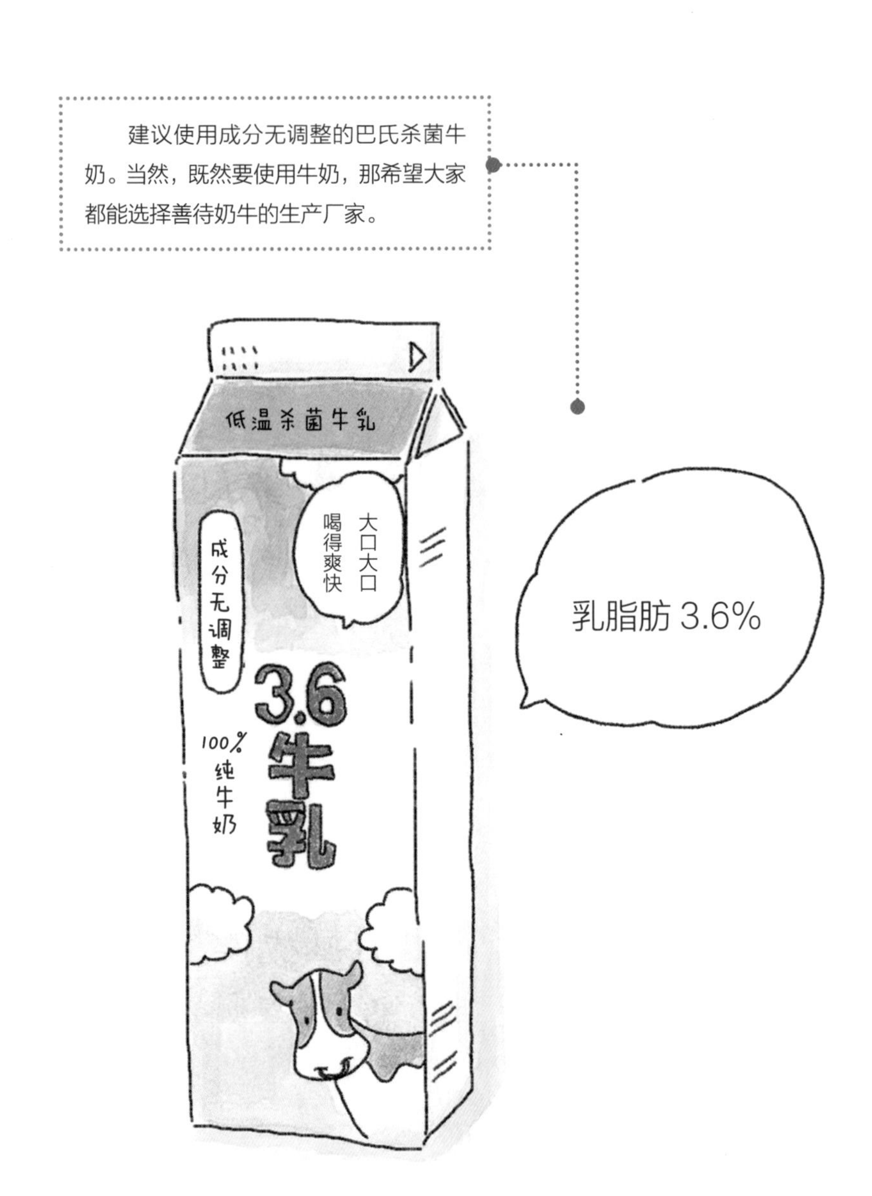

咖啡与牛奶的搭配非常好。甚至黑咖啡派有时也会想喝加了牛奶的咖啡。

拿铁咖啡和欧蕾咖啡（法式牛奶咖啡）是两种著名的加奶咖啡饮料。不过它们很容易被混淆，其实它们用的咖啡是不同的：拿铁咖啡是浓缩咖啡，欧蕾咖啡是滴滤咖啡。

但无论是拿铁咖啡还是欧蕾咖啡，都是在咖啡中加入牛奶才变得如此美味，所以不仅需要精心冲泡咖啡，还要选择合适的牛奶。

首先，牛奶有不同的类型，除了“成分无调整牛奶”，还有“成分调整牛奶”“低脂牛奶”“脱脂牛奶”和“加工牛奶”等。

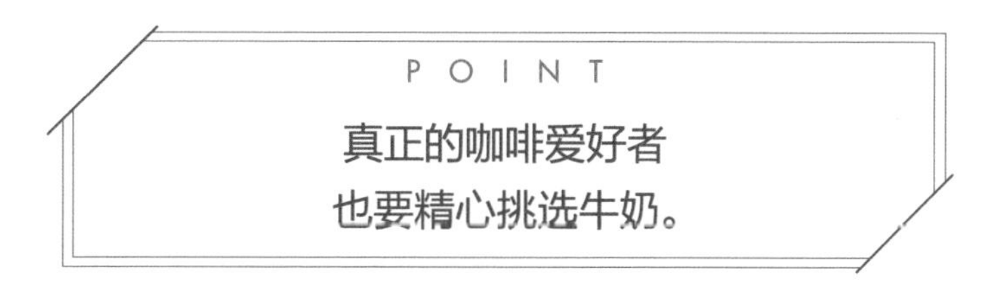

我们建议用“成分无调整牛奶”。如果你在节食减肥，可以选择脱脂奶或低脂奶，但如果仅仅是根据牛奶与咖啡的搭配程度来选择，那么“成分无调整奶”是一个不错的选择。

此外，牛奶还有一种加工法叫作“均质化处理”。未经过这种加工的“非均质奶”也值得推荐，因为奶味更浓郁，质地更丰富。

另外，消毒杀菌也很重要。

推荐使用带有“巴氏杀菌”字样的牛奶。有的牛奶生产厂家懂得关爱自己的奶牛，生产的牛奶质量好，气味小。希望大家能找到适合自己口味的牛奶品牌。

好的牛奶没有腥味，单独饮用时略带甜味，能与咖啡很好地融合，不会影响咖啡的风味。

在咖啡里添加植物奶

出于保护环境和爱护动物的考虑，越来越多的人选择由豆类、坚果和谷物等植物种子提取的植物奶或“无乳制品奶”来代替牛奶（动物奶）。植物奶的味道也很好。

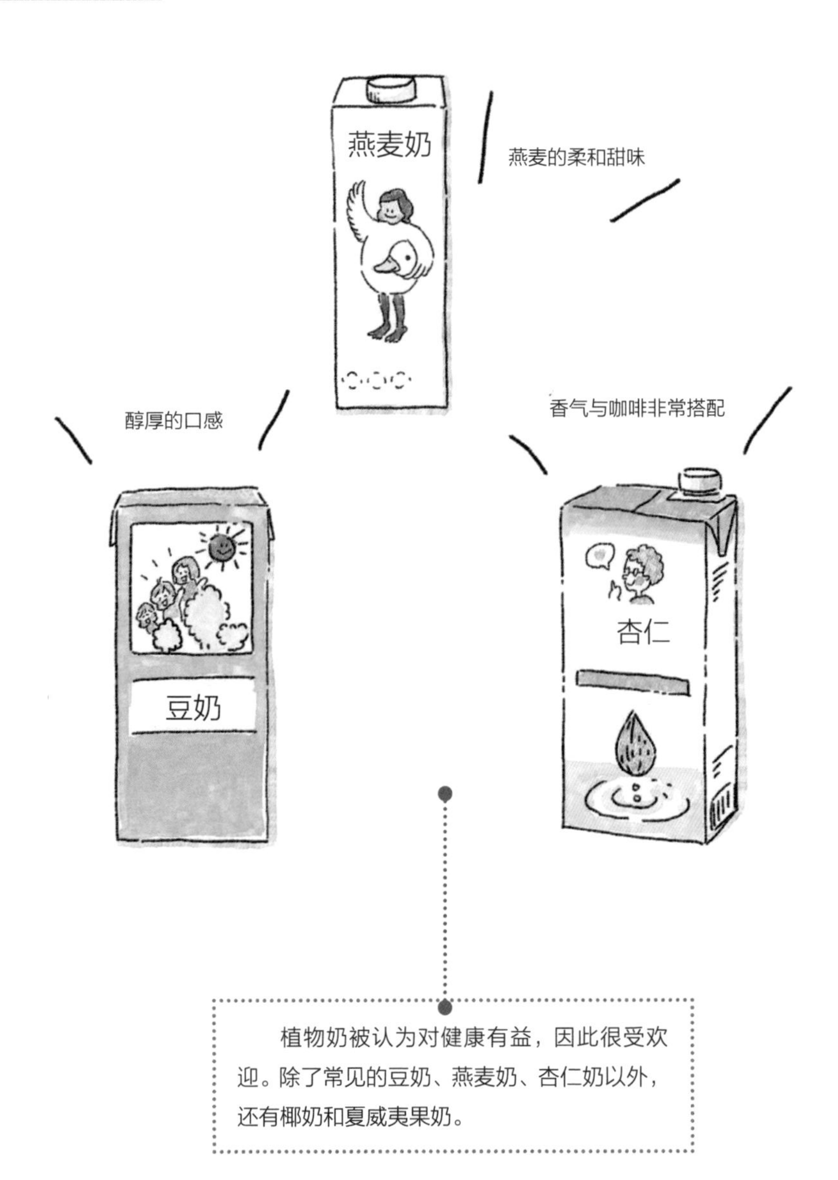

植物奶被认为对健康有益，因此很受欢迎。除了常见的豆奶、燕麦奶、杏仁奶以外，还有椰奶和夏威夷果奶。

有不少人虽然喜欢牛奶的味道却喝不了牛奶。因此由植物作为原材料制成的奶饮料（比如豆类、坚果和谷物），正在掀起流行之风。由于是以植物制成的，因此这种奶被统称为“植物奶”或“无乳制品奶”。

每个人都有自己的需求和特殊情况，比如有过敏问题、体质问题，或者是不食用动物产品的素食主义者，有多样化的选择是好事。从保护环境和爱护动物的角度来看，植物奶也在吸引人们的关注。有些植物奶非常好喝，为什么不试试呢？

首先就是豆奶。用豆奶制作的豆奶拿铁（Soy Latte）现在在咖啡馆里很常见，特别是在特别注重健康的人群中很受欢迎。

POINT

追求健康的人和爱护动物的人可以选择植物奶。

但是，豆奶的缺点是有一种独特的豆腥味，并且口感粗糙。如果介意，可以通过与咖啡一起闷蒸等方法来解决。

然后是杏仁奶。最近在超市和便利店越来越常见。味道香甜，热量和糖分都很低，受到减肥人士的喜爱。

还有一个隐藏的宝物是燕麦奶。可以说是世界上最受欢迎的植物奶。但燕麦奶在日本的销量较少。燕麦奶有一种源自燕麦的温和甜味，是咖啡的完美搭配，市场上甚至有咖啡专用燕麦奶，口感十分润滑，用于制作拿铁咖啡更是锦上添花。

咖啡的食物搭配

吃点甜食，喝杯咖啡……简直就是最好的放松。了解什么食物和咖啡相配，能给让你享受更多快乐。

咖啡和食物的搭配

- ☑ 日式糕点…比如红豆馅的最中饼
- ☑ 西式糕点…饼干、蛋糕等
- ☑ 主食…比如汉堡包

忙碌的时候，简简单单的一句“泡杯咖啡吧”能够缓解我们的紧张感。一个人也好，和大家在一起也好，享用咖啡和小点心的茶歇时光总是美好的。咖啡的一大优点就是，我们不必特意去选择与之搭配的食物，从肉汁饱满的汉堡包到小清新的甜食，都很配咖啡。

当然像品尝葡萄酒一样寻找食物搭配也充满了乐趣。

推荐大家尝试黄油饼干。传统的动物饼干就很合适。可别以为它们只是孩子们的专属，当你一边嚼着饼干，一边喝着咖啡时，感受咖啡和饼干的香甜余韵在口中融合，一定会非常愉快。饼干不仅是甜的，还带有适量的咸味以及黄油的浓香，因此能和咖啡完美搭配。

说到和黄油的搭配，另一个推荐就是黄油红豆吐司。制作方法很简单，只需将红豆沙放在烤成金黄色的吐司上，再涂上刚从冰箱里取出的黄油。

虽然人们往往只对咖啡与西式糕点（如饼干和蛋糕）的适配性津津乐道，但就日本的糖果而言，最中饼和咖啡也很配。饼皮的细腻质地与咖啡的丰富口感相得益彰。顺便说一句，达克瓦兹蛋糕虽然是西式糕点，却是模仿最中饼的概念而诞生的。在福冈有一家超有名的蛋糕店，有最好吃的达克瓦兹蛋糕。

如果你不爱吃甜食，那么可以把咖啡与汉堡包或炒面面包等的食物搭配起来。咖啡能够冲淡此类食物的油腻感，带来清爽的回味。总之，咖啡真的很神奇，因为它可以和任何食物搭配。

成年人的夜晚，与咖啡共度

睡眠的时间很重要，质量也很重要。如果你非常疲惫，在一天结束时喝杯无因咖啡或许能够改善你的睡眠质量。喝杯温和的咖啡，好好睡一觉。

睡前喝无因咖啡，对睡眠就不会有负面影响。成人无论几点钟都可以喝。如果是用牛奶稀释的欧蕾咖啡，小朋友也可以喝。

咖啡中特别令人在意的成分应该就是咖啡因了。工作时，咖啡因是一种可靠的成分，因为它有助于保持清醒、缓解疲劳。但在睡前摄入可能就有点麻烦了。

最近，睡眠质量成为人们关注的焦点。即使保证了足够的睡眠时间，但如果没有良好的睡眠质量，我们依然会遇到疲劳问题。据说咖啡因的半衰期为4~6小时。这意味着，为了获得良好的睡眠，在睡前4~6小时内最好不要喝咖啡。

……话虽如此，但资深的咖啡爱好者无论早晚都想喝咖啡呢。

这就是无因咖啡存在的理由。

POINT

睡前喝无因咖啡很安全。
在咖啡香气的环绕下一夜好眠。

现在的技术已经可以直接去除咖啡豆中的咖啡因，所以现在市面上很多无因咖啡的口味和香气并不比普通咖啡差。无因咖啡是为喝完咖啡后难以入睡或对咖啡因敏感的人开发的，有需要的可以尝试一下。如果第二天早上醒来感觉不错，可能就很适合你哦。

另外，最近也流行通过不使用化学品的自然方法去除咖啡因。

喝着不含咖啡因的咖啡加温牛奶，悠闲舒适地度过夜晚……这是成年人的放松方式。温热的饮料可以慢慢提高体内深处的温度，帮助我们睡得更好。喝点美味的咖啡，好好睡一觉吧。

让咖啡生活更快乐

无论是带着书去附近的咖啡馆，还是边听喜欢的音乐边喝咖啡在家里休息，咖啡都是营造自己独处时间和空间的好工具。我们将为大家推荐一些适合与咖啡一起度过美好时光的音乐和书籍。

咖啡在任何时代都是能够引起文化交流和人类互动的一个契机

16 世纪，奥斯曼帝国占领也门和埃塞俄比亚后，咖啡迅速传播，到 16 世纪中期，其首都伊斯坦布尔的咖啡馆开始营业，并且成为繁忙的社交场所，汇集了各行各业的人们。

英国是红茶之国，17 世纪的伦敦兴起了**咖啡屋**，同样成为非常受欢迎的社交场所。人们在这里交流信息、讨论时事，就像文化和政治的据点，后来也成了艺术家的聚集之地。

咖啡被引入日本是在江户时期。据说，在实行锁国政策时期，翻译和商人们在出入当时作为贸易窗口的**荷兰商馆**时，初次尝到了

咖啡屋

也提供简餐的咖啡馆。→ P64。

荷兰商馆

江户时代荷兰东印度公司的日本分公司，成立于长崎的平户，后来在出岛也有建立这种机构。

这种饮料。

到了**明治**和**大正时期**，名为“吃茶店”的日式咖啡轻食店开始兴起。咖啡被认为是一种摩登的饮品。昭和时期，吃茶店蓬勃发展。当时有不少寄宿学生招待来访的朋友都是去吃茶店喝杯咖啡，待上好几个小时。

也因此，咖啡与音乐和文化的关联越来越密切，独特的日式咖啡店文化应运而生。

本书作者井崎先生过着怎样的咖啡生活？以下，他为我们推荐了适合咖啡时间的书籍、戏剧和音乐。

Books

——您喜欢在喝咖啡时读什么书？哪些书给您带来了较大的影响？

井崎：有一本书叫**《什么都要看一看》**（河出书房新社）。正是在

明治大正时期

明治时代（1868—1912 年），日本出现了“新闻纵览所”和简易饮食店“Milk Hall”等咖啡屋雏形。日本第一家现代吃茶店，据说是位于东京下谷黑门町的“可否茶馆”。

《什么都要看一看》

1961 年出版的一本游记。作者是小田实。他曾通过富布赖特奖学金在哈佛大学求学。本书记录了他在欧洲、美国和亚洲的 22 个国家穷游旅行的经历。小田实是一位小说家和文学评论家。

这本书的影响下我开始对出国感兴趣。

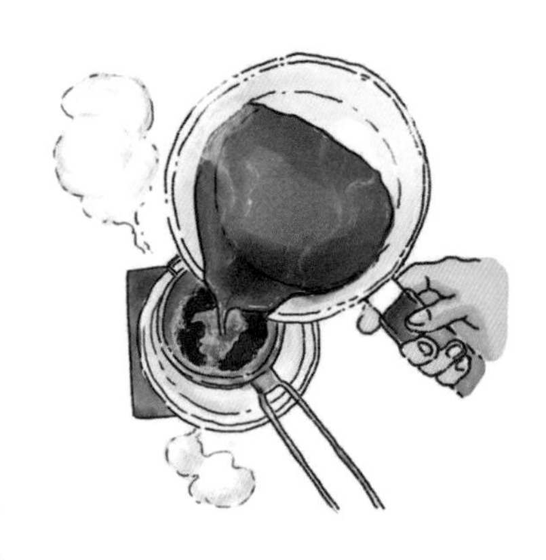

这本书是小田实的游记，他曾通过富布赖特奖学金去哈佛大学学习，同时在世界各地穷游旅行。我认为这本书的内容多少有些夸张的成分，不过还是很令人惊讶，原来有如此充满活力的日本人。现在我还会时不时重读这本书，以回忆当时做出“以咖啡为生”这个决定时的心情。

另一本书少有人知，是高桥和已的《邪宗门》(河出书房新社)。这也是我最喜欢的书之一。它描述了某种新兴宗教被压迫和毁灭的过程，情节的展开非常沉重郁闷，不喝咖啡读不下去。

——真是非常深奥的推荐书目啊。能推荐一些轻松的书籍或影视作品吗?

双峰

1990~1991 年以及 2017 年播出的美国电视剧。悬疑式的情节发展融入了超自然现象和解谜的因素，全部看完需要 24 小时以上。执行制片人是大卫·林奇和马克·弗罗斯特。

◀ 在埃塞俄比亚的“咖啡之母”树下与来自世界各地的伙伴们互相搭着背，再次确认咖啡的美好。

井崎：咖啡爱好者应该会喜欢美国电视剧《**双峰**》吧。

不仅故事有趣，而且剧中喝咖啡的场景也常常让人眼前一亮。登场人物喝咖啡时，经常会吃看起来很美味的甜甜圈、樱桃派，这很有美国特色。另外，剧里有一句台词“A cup of joe”也经常出现。一开始我不知道什么意思，后来一个朋友告诉我，在美式英语中，这句话的意思是“喝咖啡吧”。虽然不是因为这句台词，但是我儿子的名字也叫 Joe，所以我觉得和这部剧有缘。

——在研究咖啡的过程中，环境和人权等问题引起了很多人的注意。有什么好书可以帮助我们了解这些问题吗?

井崎：咖啡行业的许多人都高度关注环境和人权问题。如果你想通过阅读一本书来加深这方面的知识，我推荐《**通过咖啡读懂可持续发展目标**》(Poplar 社)。如果你想从咖啡开始了解可持续发展目标，我认为这本书是最合适的入门读物。

《通过咖啡读懂可持续发展目标》

可持续发展目标，缩写 SDGs，由联合国在 2015 年通过。它提出了广泛的目标，包括解决全球环境和不平等的问题。在这本书中，大学教授和国际 NGO 组织的前工作人员川岛良彰从咖啡出发解读了可持续发展目标，并解释了人类可以如何通过咖啡为可持续发展目标做出贡献。

Music

——音乐方面如何?

井崎：我比较常听朋克音乐，也喜欢蓝调和爵士之类的黑人音乐。特别是绰号“书包嘴”的**路易斯·阿姆斯特朗**，他是最棒的。他的音乐充满了情感，和深度烘焙的浓咖啡搭配起来非常棒。比起古典音乐，我对作为少数派的黑人音乐更感兴趣。我鼓励大家在听这些美妙的音乐时喝咖啡，也希望大家能更多地关注咖啡产业和人权问题。

重新看待我们的生活方式，享受真实的咖啡生活

自从新冠疫情在全球蔓延，人类的生活方式和价值观已经完全改变。当很难再出门吃饭的时候，拥有可以独自投入的爱好的人是非常坚强的。

许多人也意识到了日常幸福的珍贵，以及积累小确幸时刻的重要性。

路易斯·阿姆斯特朗

代表了 20 世纪的美国爵士乐，小号手和歌手，绰号“书包嘴”。scat 唱法（一种和声唱法）的创始人。

当你听着喜欢的音乐或在干净整洁的房间里阅读时，一杯好喝的咖啡能让你感到快乐。如果你喜欢上了咖啡，那么你也会开始喜欢寻找合意的咖啡馆。带上装着挂耳包和热水的杯子去散步或野餐，或者开始尝试**手工烘焙**咖啡豆，都是很有趣的。

拓展咖啡世界，就看你怎么做了！

手工烘焙

在家烘焙咖啡最常见的方法是在煤气灶上放置五德架（用铁或其他材料制成的环形支架），再架上中式炒锅来进行烘焙。如果咖啡豆的量较少，也可以用被称为“炮烙”的扁平陶罐或平底煎锅，这些工具经常被用于烤制茶叶和豆子。

卷末特辑

致想学习更多咖啡知识的你

■如何学习咖啡知识

如果你对咖啡很感兴趣，想了解更多，可以自学咖啡知识。当然上职业学校和进修班也是一种选择。有的学校提供线上课程，学生或上班族也可以通过夜校或函授课程学习。

开设糕点制作和咖啡制作课程的职业学校一般都配备了价值数千万日元的实训机器，学生不仅可以学到专业的技术和知识，还可以磨炼自己的实践技能。

由我担任联合董事长的 Barista Hustle Japan 是一个在线教育平台。Barista Hustle 受到全球 4 万多名专业咖啡师的喜爱，2018 年推出了日文版本。

如果你想成为职业咖啡师，可以先尝试在咖啡馆、餐厅或咖啡专卖店工作。在工作和获得工资的同时掌握有关食品和饮料的知识。

当然，如果你不想那么正式，也有一些咖啡馆会开设短期讲习班，只要花一天时间或几次课就能完成。

■什么是咖啡师?

咖啡师（Baristar）是从意大利语中产生的词语，原意指在吧台里面工作的人，也叫作“吧台师傅”，他们拥有与咖啡有关的知识和技能。意大利的咖啡吧就像日本的咖啡馆，咖啡师在那里为顾客提供咖啡和酒水。

除了提供饮料和食物外，他们也做其他接待顾客的工作，比如详细记录顾客的点单要求，有时甚至得担任收银员；还有用牛奶在卡布奇诺上画画的“拿铁艺术”等服务。

■如何成为一名咖啡师

成为一名咖啡师没有所谓的标准方法，也没有特别的资质要求。不过，在有专业咖啡师或者致力于培训咖啡师的咖啡馆进行修习是一个好主意。

■什么是日本咖啡师大赛（JBC）?

目前世界上很多国家都有咖啡师技能竞赛。日本的比赛，即日本咖啡师大赛（JBC），也在不断发展壮大。

比赛评比的主要基准是制作浓缩咖啡的水平。在决赛中，参赛者必须在规定的时间内制作三种饮料。首先是“浓缩咖啡”，然后是“牛奶咖啡”，最后是“创意咖啡”。除了咖啡的味道之外，咖啡师的表达能力和技巧也要接受评估。

■什么是世界咖啡师大赛（WBC）?

这是全球水平的咖啡师技能竞赛。日本大赛JBC的冠军将代表日本参加世界大赛（WBC）。

JBC和WBC的比赛规则都是一样的。近年来，日本选手也取得了优秀的成绩。

卷末特辑

了解井崎英典 3组Q&A

Q 井崎英典是谁？

A 曾经拿过世界冠军的咖啡师

我曾就读于法政大学国际文化系，并且以此为契机成为咖啡名门“株式会社丸山咖啡”的一员。

我从出生起就对制作品质优秀的咖啡耳濡目染，2012 年还在学校时就成为有史以来最年轻的日本咖啡师大赛冠军，并且蝉联两届。2014 年，我在世界咖啡师大赛成为第一个亚裔世界冠军。

之后，我独立创业，于 2019 年成立了株式会社 QAHWA（咖瓦），并担任董事长。新冠疫情发生之前，我每年有 200 多天都在海外工作。

2020 年起，我的公司开始大力发展日本国内业务。2021 年起，我根据自己的经验引爆了“神奇的无因咖啡”的话题，在各大社交网络服务平台上获得了极高的热度。

Q 你是做什么工作的?

A 关于咖啡的咨询。

我为广大范围内不同的业务类别提供从产品开发到市场营销的全面咨询，主要以欧洲和亚洲为主，包括督导大型汉堡包连锁店的咖啡菜单，研究和开发咖啡相关的设备。最近，我参演了许多电视和广播节目，如 NHK 综合台的《逆转人生》和 BS 日本电视台的《笨蛋节奏的成年人爱好》(注：笨蛋节奏是日本知名搞笑艺人)，各位可能看到过。

QAHWA是一家什么样的公司?

A 只要和咖啡有关就都是我们的业务范围!

本公司主要在欧洲和亚洲从事各种与咖啡有关的业务。其中包括研究和开发与咖啡有关的设备，为从小型零售店到大型连锁店提供营销和咨询服务。我们有一句口号“Brew Peace”，意思是“沏出和平”。我们在全球范围内活跃，致力于在咖啡和人之间创造超越国界的美好相遇，并通过咖啡的力量实现一个和平的世界。

【DATA】QAHWA（咖瓦）https：//qahwa.co.jp

结 语

长期以来，咖啡馆接纳了形形色色的人，
有人喜欢与朋友和爱人亲密交谈，有人喜欢静静地独处，
来到咖啡馆的人们有着不同的想法和感受。
然而，新冠疫情突然夺走了人们热爱的“咖啡时间”。

我的任务就是“创造美好的咖啡时间”。
除了为大型汉堡包连锁店和国际咖啡连锁店提供咨询外，
我还与看似与咖啡无关的类别进行合作，
比如糕点、食品，甚至时尚、汽车和艺术等，
我努力不断地为人们创造放松心灵的时间。

我曾经认为咖啡休息就是喝咖啡而已，
但当我用 Zoom 主持 #BrewHome 云端咖啡馆，
并在媒体上交流咖啡带来的丰富生活时，
我开始认为，制作咖啡的行为本身就是一种咖啡休息。

咖啡豆的芬芳香气充斥着整个房间，
碾磨机的振动使豆子咯咯作响，
滴滤器的滴答声在安静的房间里回荡……
“冲泡咖啡”这个行为直接作用于我们的五感。

从某种意义上说，这是一种接近正念的感觉，

我认为也包含了“道”的元素，类似于茶道和花道。

过去，我也在很多场合谈论过有关咖啡的深奥话题，

但现在，我想基于“不仅是降低，更是填平冲泡咖啡的门槛”的理念，出版这本书，

因为我认为冲泡咖啡的行为本身就是一种放松。

我真诚地希望大家都能拥有放松身心的咖啡时间。

如果这本书激发了你“尝试冲泡咖啡”的念头，

那真是我最大的快乐。愿我们用咖啡创造一个“Brew Peace（沏出和平）”的世界。

井崎英典